高等院校转型发展案例化 · 项目化
"十四五"规划教材

园艺植物生产
实践指导

刘金仙　主编

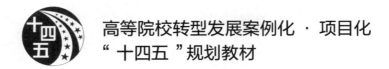厦门大学出版社

国家一级出版社
全国百佳图书出版单位

图书在版编目(CIP)数据

园艺植物生产实践指导 / 刘金仙主编. -- 厦门：
厦门大学出版社，2024.8. --（高等院校转型发展案例
化·项目化"十四五"规划教材）. -- ISBN 978-7-5615-
9427-8

Ⅰ. S6

中国国家版本馆 CIP 数据核字第 2024XW8599 号

责任编辑　郑　丹　杨红霞
美术编辑　蒋卓群
技术编辑　许克华

出版发行　厦门大学出版社
社　　址　厦门市软件园二期望海路 39 号
邮政编码　361008
总　　机　0592-2181111　0592-2181406(传真)
营销中心　0592-2184458　0592-2181365
网　　址　http://www.xmupress.com
邮　　箱　xmup@xmupress.com
印　　刷　厦门市明亮彩印有限公司

开　本　787 mm×1 092 mm　1/16
印　张　11.5
字　数　265 千字
版　次　2024 年 8 月第 1 版
印　次　2024 年 8 月第 1 次印刷
定　价　32.00 元

本书如有印装质量问题请直接寄承印厂调换

厦门大学出版社
微信二维码

厦门大学出版社
微博二维码

前　言

　　园艺产业是我国农业和农村经济发展的重要支柱,是未来的朝阳产业,产业的快速发展需要大批高素质、应用型园艺人才支撑。在应用型人才的培养过程中,实践教学是理论联系实际的重要环节。因此,为提升园艺专业学生的动手能力、应用能力及专业生产技能,我们特开设"园艺植物生产综合实践"课程,作为园艺专业必修课。通过本实践教学环节的训练,学生能够理解指导园艺植物生产栽培的基本理论,掌握园艺植物生产的关键技术和操作方法,在实践过程中掌握园艺产业生产与管理全过程的基本技能。

　　本教材适用于园艺专业蔬菜和花卉方向的本科生。教材主要包括蔬菜、花卉两类园艺植物的生产栽培管理技术,涉及园艺植物分类与识别、繁育、土肥水管理、生长调控、病虫害防治、采收及应用、市场考察等重要生产环节。教材分为4章,共31个实践项目,其中南平市建阳区国营苗圃颜欢欢参与实践16、17的编写工作,武夷学院霍达参与实践13、14、23、24的编写工作,刘金仙任主编并统稿,傅仙玉、史凌珊、蔡普默进行了校对。

　　本教材在编写和出版过程中,还得到了院系领导、同事及厦门大学出版社的支持和帮助,在此表示感谢。另外,本教材参考和引用了一些已出版的书籍和文献资料,在此向其作者表示感谢。由于编者水平有限,经验不足,书中不妥之处,诚望各位老师和同学提出修改意见,以便今后修改订正。

编　者

2024 年 6 月

目　录

第一章
蔬菜、花卉植物分类与识别

实践 1　常见蔬菜植物的分类与识别

一、目的及要求

通过观察蔬菜的形态特征,正确识别常见蔬菜植物的种类,掌握蔬菜植物的主要分类方法及其特点,明确分类地位。

二、材料与工具

(一)材料

各类蔬菜植株或食用器官,以及相关图片、录像、多媒体课件等。

(二)工具

直尺、镊子、刀片、放大镜等。

三、实践方法与步骤

(一)蔬菜的分类方法

蔬菜种类繁多,世界上栽培的蔬菜有 860 多种,生产上数量较大的蔬菜有 50 余种,同一种类中又有许多变种和品种。蔬菜分类方法有植物学分类、食用器官分类和农业生物学分类。

1. 植物学分类

植物学分类是根据植物形态特征,按照界、门、纲、目、科、属、种、亚种、变种来分类,例如,结球白菜属于植物界—种子植物门—双子叶植物纲—十字花科—芸薹属—芸薹种—大白菜亚种—结球白菜变种。

该分类方法的优点:可以明确科、属、种间在形态上、生理上的关系,以及在遗传上、系统进化上的亲缘关系,对蔬菜种植的轮作倒茬安排、病虫害防治、良种繁育以及栽培管理都有很好的指导意义。缺点:严格按照植物学形态特征(现代遗传学)分类,也有一些食用器官不同但亲缘关系很近的同科蔬菜,其生长发育条件及栽培技术措施相差很大,如茄科的番茄和马铃薯,十字花科的大白菜和芜菁等。

据不完全统计,我国的蔬菜有 200 多种,普遍栽培的有 50～60 种,分属 20 多个科,绝大多数为种子植物门双子叶植物纲,少部分为单子叶植物纲。

(1)双子叶

①茄科(Solanaceae):如马铃薯、茄子、番茄、辣椒、酸浆。

②葫芦科(Cucurbitaceae):如黄瓜、甜瓜、南瓜(中国南瓜)、笋瓜(印度南瓜)、西葫芦(美洲南瓜)、西瓜、冬瓜、瓠瓜(葫芦)、丝瓜、苦瓜、佛手瓜、蛇瓜。

③十字花科(Brassicaceae):如萝卜、芜菁、芜菁甘蓝、芥蓝、结球甘蓝、抱子甘蓝、羽衣甘蓝、花椰菜、青花菜、球茎甘蓝、小白菜、结球白菜、叶用芥菜、茎用芥菜、芽用芥菜、根用芥菜、辣根、豆瓣菜、荠菜。

④豆科(Fabaceae):如豆薯、菜豆、豌豆、蚕豆、豇豆、菜用大豆、扁豆、刀豆、矮刀豆、苜蓿。

⑤伞形科(Apiaceae):如芹菜、根芹、水芹、芫荽、胡萝卜、小茴香、美国防风。

⑥菊科(Asteraceae):如莴苣(莴笋、长叶莴苣、皱叶莴苣、结球莴苣)、茼蒿、菊芋、苦苣、紫背天葵、牛蒡、朝鲜蓟。

⑦藜科(Chenopodiaceae):如根用甜菜、叶用甜菜、菠菜。

⑧落葵科(Basellaceae):如红花落葵、白花落葵。

⑨苋科(Amaranthaceae):如苋菜。

⑩番杏科(Aizoaceae):如番杏。

⑪旋花科(Convolvulaceae):如蕹菜。

⑫唇形科(Lamiaceae):如薄荷、草石蚕。

⑬锦葵科(Malvaceae):如黄秋葵、冬寒菜。

⑭楝科(Meliaceae):如香椿。

⑮睡莲科(Nymphaeaceae):如莲藕。

(2)单子叶

①百合科(Liliaceae):如黄花菜、芦笋、卷丹百合、洋葱、韭葱、大蒜、大葱、分葱、韭菜、薤白。

②姜科(Zingiberaceae):如生姜。

③天南星科(Araceae):如芋、魔芋。

④薯蓣科(Dioscoreaceae):如普通山药、田薯(大薯)。

⑤禾本科(Poaceae):如毛竹笋、麻竹、甜玉米、茭白。

2. 食用器官分类

食用（产品）器官分类是我国古老的一种分类方法，是根据各种蔬菜食用器官的形态进行分类，分为根、茎、叶、花、果实等五类。这种分类法的适用对象主要是种子植物，而不包括食用菌等特殊种类。

该分类方法的特点：可以了解彼此在形态、生理上的关系，食用器官相同的蔬菜，其生物学特性、栽培方法也大体相同。如萝卜、大头菜（根用芥菜）、胡萝卜，分别属于十字花科、十字花科、伞形科，但它们都属于根菜类蔬菜，对环境条件的要求很相似。但也有部分蔬菜，如根茎类的藕和姜，肉质茎类的莴苣和茭白，花菜类的花椰菜和金针菜，虽然食用器官相同，但其生长习性及栽培方法未必相同。还有些蔬菜，如叶菜类的甘蓝、花菜类的花椰菜和茎菜类的球茎甘蓝，虽然食用器官不大相同，但栽培技术措施却相当接近。

（1）根菜类

①肉质根类：以肥大的肉质直根为产品，如萝卜、芜菁、胡萝卜、根甜菜、根用芥菜等。

②块根类：以肥大的不定根或侧根为产品，如豆薯、甘薯等。

（2）茎菜类

①肉质茎类（肥茎类）：以肥大的地上茎为产品，如莴笋、茭白、茎用芥菜、球茎甘蓝等。

②嫩茎类：以萌发的嫩茎为产品，如芦笋、竹笋等。

③块茎类：以肥大的地下块状茎为产品，如马铃薯、菊芋、草石蚕等。

④根茎类：以肥大的地下根状茎为产品，如生姜、莲藕等。

⑤球茎类：以地下的球状茎为产品，如慈姑、芋等。

⑥鳞茎类：以肥大的假茎或侧芽为产品，如洋葱、大蒜、薤白等。

（3）叶菜类

①普通叶菜类：以鲜嫩翠绿的叶或叶丛为产品，如小白菜、乌塌菜、茼蒿、菠菜等。

②结球叶菜类：以肥大的叶球为产品，如大白菜、结球甘蓝、结球莴苣、抱子甘蓝等。

③香辛叶菜类：有香辛味的叶菜，如大葱、分葱、韭菜、芹菜、芫荽、茴香。

（4）花菜类

①花器类：如黄花菜、朝鲜蓟等。

②花枝类：如花椰菜、青花菜、菜薹等。

（5）果菜类

①瓠果类：以下位子房和花托发育而成的果实为产品，如黄瓜、南瓜、西瓜等。

②浆果类：以胎座发达而充满汁液的果实为产品，如茄子、番茄、辣椒等。

③荚果类：以脆嫩荚果或其豆粒为产品的豆类蔬菜，如菜豆、豇豆、蚕豆等。

④杂果类：主要指甜玉米、菱角等上述三类以外的果菜类蔬菜。

3. 农业生物学分类

农业生物学分类是目前我国园艺界普遍采用的一种分类方法，是根据蔬菜植物的农业栽培技术以及植物的生物学特性进行分类。该分类方法结合了植物学分类和食用器官分类的优点,比较适用于生产。按该分类方法,可以将蔬菜分为以下十四类。

（1）白菜类

白菜类蔬菜都是十字花科植物,包括大白菜、小白菜、叶用芥菜和菜薹等植物。白菜类蔬菜以其柔嫩的叶丛或叶球为产品,生长期间均需要凉爽、湿润的气候条件,生产上多在秋、冬季节栽培。多为二年生植物,第一年形成食用器官,第二年开花结籽。种子春化型,以直播为主。

（2）甘蓝类

甘蓝类蔬菜是以柔嫩的叶球、花球或肉质茎等为食用产品的一类蔬菜,是原产于地中海的十字花科蔬菜,包括结球甘蓝(圆白菜)、花椰菜、球茎甘蓝、抱子甘蓝等,二年生,生长特性和对环境条件的要求与白菜类相近。幼苗春化型,常育苗移栽。

（3）直根类

直根类蔬菜以其肥大的肉质直根为食用产品,包括萝卜、胡萝卜、芜菁、根用芥菜、根用甜菜等。直根类蔬菜生长期间喜好凉爽、湿润,多为秋、冬季节生产,适宜于直播栽培,喜欢疏松、砂性大、透气性好的土壤。该类蔬菜亦为二年生植物,通常第一年秋、冬季形成肥大的肉质根,第二年春季抽薹开花结籽,但若品种选用不当很容易出现先期抽薹,造成损失。

（4）绿叶菜类

绿叶菜类蔬菜是以嫩叶片、叶柄和嫩茎为食用器官的蔬菜,如芹菜、茼蒿、莴苣、苋菜、落葵(木耳菜)、蕹菜(空心菜)、冬寒菜、菠菜、雪里蕻等。这类蔬菜的共同特点是生长速度快、栽培周期短、产品采收标准不严格,可与高秆作物间作、套作或轮荐栽培。苋菜、蕹菜和落葵等喜欢温暖的气候条件,较耐热,主要在夏季栽培。而喜欢冷凉气候的蔬菜,如芹菜、茼蒿、莴苣、菠菜等,较耐寒,主要在秋、冬季栽培。另外多数绿叶蔬菜根系浅,生长速度快,对土壤和肥水条件特别是氮肥的需求较高,要求土壤结构好、保水保肥能力强,施肥要求薄施、勤施。

（5）茄果类

茄果类蔬菜是以果实(浆果)为食用器官的蔬菜,主要包括茄子、番茄、辣椒等一年生植物。这类蔬菜基本特性和栽培技术非常相近,喜温怕寒,忌霜冻,生产上多进行育苗移栽,露地只能在无霜期内栽培。以春、夏季栽培为主。

（6）葱蒜类

葱蒜类蔬菜以叶片和由叶鞘抱合形成的假茎和以叶鞘基部膨大的鳞茎为食用器官,如大葱、大蒜、洋葱、韭菜、薤头等。葱蒜类蔬菜耐寒喜凉,耐热性较差,适合春、秋季节栽培。韭菜可宿根生长,为多年生;大葱为二至三年生。

（7）豆类

豆类蔬菜以豆荚或种子为食用器官,包括菜豆、豇豆、刀豆、毛豆、豌豆、眉豆、蚕豆、四棱豆、扁豆等。除豌豆、蚕豆喜欢冷凉气候而在秋、冬季栽培外,其他均要求温暖,忌霜冻,为夏季主要蔬菜之一。豆类蔬菜生产上多直播,不适宜育苗。豆类植物根系有根瘤菌,可以利用空气中的氮素。

（8）瓜类

瓜类蔬菜以果实(瓠果)为食用器官,如黄瓜、南瓜、冬瓜、丝瓜、瓠瓜、菜瓜、蛇瓜、葫芦、西瓜、甜瓜等，是蔬菜中一大类。瓜类蔬菜的共同点是叶片掌形、茎蔓生，需要搭架引蔓或爬地压蔓栽培。栽培期间需要较高的温度和充足的阳光，利用施肥浇水、整枝压蔓技术调节好茎叶生长和开花结果的关系是高产、稳产的关键。

（9）薯芋类

薯芋类蔬菜均以变态的地下器官（块根、块茎、根茎、球茎）为食用器官，如马铃薯、芋头、山药、姜、甘薯（地瓜）、草石蚕、菊芋、豆薯（沙葛）等，一般富含淀粉，耐贮藏。除豆薯外，其他均以无性繁殖为主，用种量大，繁殖系数低。栽培上，要求土壤深厚、疏松、透气、肥沃。按对气候要求以及茎叶耐霜程度可分为两类，一类喜温和凉爽气候，可耐轻微霜冻，如马铃薯等；另一类喜温暖气候，较耐热，但不耐霜冻，生长期也较长，如山药、芋头、生姜、甘薯等。

（10）水生蔬菜类

水生类蔬菜适于在水田、池塘、沼泽地或水滩地栽培，对水分要求很高，主要包括莲藕、茭白、慈姑、荸荠（马蹄）、菱、芡实、豆瓣菜、水芹等，其中除菱、芡实以果实或种子为食用器官外，其他均以变态茎或嫩茎叶为食用器官。这类蔬菜虽能开花结果，但实生苗生长缓慢且易出现后代分离不整齐，故多以无性器官为繁殖材料。除水芹、豆瓣菜喜欢冷凉气候外，其余均喜温暖气候，以及潮湿、阳光充足、土壤肥沃的环境，多在春、夏栽培，秋、冬采收。

（11）多年生蔬菜类

这类蔬菜是多年生植物，一次播种或栽植，食用器官可以连续多年收获，如金针菜、石刁柏、百合、竹笋、香椿等。除竹笋、香椿外，大部分多年生蔬菜地上部分每年冬季枯死，地下部分的根、根状茎或鳞茎等器官宿存于土壤中，以休眠状态过寒冬，待来年气候适宜时重新萌芽，生长并形成产品。这类蔬菜的根系或地下茎、鳞茎等比较发达而生命力强，生产上要求选择土层深厚的地块种植，对某些易退化的种类应在种植几年后，另选地块种植。这类蔬菜一般采用分株繁殖，但有些种类也可采用种子繁殖，如石刁柏等。

（12）食用菌类

食用菌是指子实体硕大、可供食用的大型真菌，含有多种功能成分，是一类营养丰富并兼具食疗价值的食品。常见的食用菌有香菇、草菇、蘑菇、木耳、银耳、猴头、竹荪、松口蘑（松茸）、口蘑、红菇、灵芝、虫草、松露、白灵菇和牛肝菌等。常见食用菌多属担子菌亚门，少数属于子囊菌亚门，如羊肚菌、马鞍菌、块菌等。

（13）芽菜类

芽菜类蔬菜是一类新开发的、种类还在不断增加的蔬菜，主要是由种子直接发芽，培育成幼苗供食用的一类蔬菜。目前主要有豌豆芽、荞麦苗、苜蓿芽、萝卜苗、绿豆芽、黄豆（毛豆）芽等，芽菜类一般生长周期短，可实现周年供应。

（14）野生蔬菜类

野生蔬菜是指生长在山野还有田边地里，没有经过人为栽培的野生可食用的植物，现在较大量采集的野生蔬菜有蕨菜、发菜、荠菜、茵陈、苦荬菜等。有些野生蔬菜已逐渐栽培化，如苋菜、地肤（扫帚菜）等。

（二）具体操作步骤

①参观蔬菜园、菜市场，或观看标本、录像及课件等，仔细观察每种蔬菜的植物学特征及生长状况。

②按上述三种分类法，填写蔬菜分类观察记载表（表1-1）。

③调查所观察蔬菜的繁殖方式、主要播种期及收获期等，填写观察记载表。

表 1-1　蔬菜分类观察记载

蔬菜名称	植物学分类	食用器官分类	农业生物学分类	生活周期	常用繁殖方式	播种期	收获期
例:甘蓝	十字花科	叶菜类中的结球叶菜类	白菜类	二年生	种子繁殖	7—8月	10月至翌年1月

四、作业与思考

①分析总结三种蔬菜分类法的主要依据、主要类别及各自优缺点。

②植物学分类中，一些亲缘关系近的蔬菜，在植物形态特征、食用器官、对环境条件的要求以及栽培技术上都相差很大，请从多角度分析哪些原因可能造成这些结果。

③有哪些蔬菜在植物学上是同一科，而在食用器官形态上也属同一类？又有哪些属不同类？

实践 2　常见花卉植物的分类与识别

一、目的及要求

掌握花卉植物分类方法,掌握各类花卉主要形态特征,能对当地常见花卉植物进行初步识别,并了解其生物学特性、生态习性、观赏特性及用途。

二、材料与工具

(一)材料

校园、公园、当地露地花卉生产基地及温室花卉生产基地等地的花卉。

(二)工具

记录本、尺、相机等。

三、实践方法与步骤

(一)花卉分类

1. 按生态习性分类

(1)一、二年生花卉

一年生花卉指个体生长发育在一年内完成其生命周期的花卉。春天播种,当年夏、秋季开花、结果、种子成熟,入冬前枯死,如凤仙花、鸡冠花、孔雀草等。二年生花卉指个体生长发育需跨年度才能完成生命周期的花卉。秋季播种,第二年春季开花、结果、种子成熟,夏季植株死亡,如金鱼草、三色堇、虞美人等。

(2)宿根花卉

宿根花卉为多年生草本花卉,一般耐寒性较强,植株地下部分可以宿存于土壤中越冬,翌年春季又可萌发生长,夏、秋季开花结籽,如菊花、芍药、萱草、金鸡菊、黑心菊、松果菊等。

(3)球根花卉

球根花卉是地下部分肥大呈球状或块状的多年生草本花卉。按地下部分形态特征将其分为五类。

①鳞茎花卉:地下茎缩短成扁平的鳞茎盘,肉质肥厚的鳞叶着生于盘上并抱合成球形的花卉,如郁金香、水仙、风信子、石蒜、百合等。

②球茎花卉:地下茎缩短膨大呈球形或扁球形,顶端有肥大顶芽,表面有环状节痕附有侧芽的花卉,如唐菖蒲等。

③块茎花卉:地下茎膨大呈块状,外形不规则,表面无环状节痕,顶部分布大小不同发芽点的花卉,如马蹄莲、海芋、白头翁、花叶芋、大岩桐等。

④根茎花卉:地下茎肥大呈根状,有分枝,有明显的节间,节间处有腋芽,由节间腋芽萌发而生长的花卉,如美人蕉、鸢尾、莲、玉簪等。

⑤块根花卉:地下侧根或不定根膨大为纺锤形块状,芽着生在根颈处,由此处萌芽而生长的花卉,如大丽花、花毛茛等。

(4)多浆及仙人掌类

多浆及仙人掌类花卉具有旱生、喜热的特点以及植物体含水分多、茎或叶特别肥厚、呈肉质多浆的形态。常见的有仙人掌科、番杏科、龙舌兰科、凤梨科、景天科、菊科、大戟科、萝藦科等,如落地生根、仙人笔、玉树、翡翠珠、伽蓝菜等。

(5)室内观叶植物

室内观叶植物是以叶为主要观赏器官且多盆栽的植物,多数是性喜温暖、耐阴的常绿植物。室内观叶植物有草本、木本两大类,常见草本有凤梨类、竹芋类、豆瓣绿等,常见木本有发财树、巴西铁、榕树、平安树等。

(6)兰科花卉

兰科花卉按其性状属于地生或附生的多年生草本花卉,目前有20000多种,因其种类多,在栽培中有其独特要求,将其单独列出为一类。又根据其性状与生态习性不同,将其分为中国兰花(又称国兰)、西洋兰花(又称洋兰)两大类。国兰常见有墨兰、蕙兰、春兰、建兰、虎头兰等,洋兰常见有卡特兰、蝴蝶兰、文心兰、石斛兰等。

(7)水生花卉

水生花卉多数为多年生宿根草本植物,生长于浅水或沼泽地,地下部分肥大呈根茎状,常见有荷花、睡莲、千屈菜、凤眼莲等。

(8)木本花卉

木本花卉是以赏花为主的木本植物,分落叶木本花卉和常绿木本花卉。落叶木本花卉常见的有月季、牡丹、樱花、紫藤、凌霄等,常绿木本花卉常见的有广玉兰、白玉兰、杜鹃、山茶花、含笑、夹竹桃、栀子花等。

2. 按观赏用途分类

(1)切花花卉

切花花卉是主要用于花篮、花束、艺术插花等形式的艺术装饰的花卉,如切花菊、月季、百合、非洲菊、唐菖蒲、康乃馨等。

(2)盆栽花卉

盆栽花卉是以盆栽形式装饰室内或园林的花卉,常见的有月季、一品红、菊花、四季海棠、仙人球等。

（3）花坛花卉

花坛花卉是用于装饰各种花坛的花卉，以一、二年生为主，常见的有三色堇、鸡冠花、一串红、万寿菊、矮牵牛、羽衣甘蓝等。

（4）室内花卉

室内花卉比较耐阴，是适宜在室内较长期摆放和观赏的观叶或观花的花卉，如橡皮树、发财树、万年青、吊兰、非洲紫罗兰等。

（5）地被花卉

地被花卉植株低矮，抗性强，是用于覆盖地面的花卉，如美女樱、二月兰、白三叶等。

3. 按主要观赏部位分类

（1）观花

以观赏花色、花形为主，这类花卉一般花色鲜艳而美丽，如菊花、月季、牡丹、大丽花、扶桑、君子兰、茶花、杜鹃等。

（2）观叶

以观赏叶色、叶形为主，这类花卉一般叶片比较独特，如文竹、龟背竹、变叶木、橡皮树、朱蕉、五针松、肾蕨等。

（3）观果

以观果实为主，这类花卉一般果实累累、色泽艳丽或果形奇特，如佛手、石榴、金橘、南天竹、代代、冬珊瑚、火棘、无花果等。

（4）观茎

以观茎枝为主，这类花卉一般茎枝具有独特的风姿，如光棍树、佛肚竹、珊瑚树、山影拳、虎刺梅、竹节蓼等。

（5）其他（芳香）

以欣赏香味为主，这类花卉一般花期较长、香味浓郁，如米兰、茉莉、珠兰、白兰、含笑、桂花等。

4. 按栽培类型分类

（1）露地花卉

露地花卉指在当地自然条件下，整个生长发育周期可以在露地进行，或主要生长发育时期能在露地进行的花卉。它包括一些露地春播、秋播或早春需用温床、冷床育苗的一、二年生草本花卉及多年生宿根、球根花卉，如长春花、百日草、石竹、金鱼草、萱草、彩叶草、唐菖蒲、鸢尾等。有些木本花卉可露地栽植并自然露地越冬，或稍加防寒即可过冬，如龙柏、翠柏、银杏、紫薇、玉兰、月季、牡丹、榆叶梅、藤萝、紫藤、凌霄、金银花等。

（2）温室花卉

温室花卉指在当地需要在温室中栽培，接受保护才能完成整个生长发育过程的花卉。一般多指原产于热带、亚热带及南方温暖地区的花卉，在北方寒冷地区栽培时，必须在温室内，或冬季需要在温室内受保护越冬。

(二)常见花卉植物的识别要点

1. 一、二年生花卉

(1)凤仙花 *Impatiens balsamina* L.

凤仙花别名指甲花、金凤花、小桃红。凤仙花科凤仙花属植物,株高 60～100 cm,茎直立,粗壮、肉质;单叶互生,披针形,边缘有锐齿;花单生或数朵集生于叶腋,花色丰富有红、白、粉、紫等,花期 6—8 月。凤仙花花色、品种极为丰富,是美化花坛、花境的常用材料,可丛植、群植和盆栽,也可作切花水养。

(2)长春花 *Catharanthus roseus*（L.）G. Don

长春花别名金盏草、四时春、日日新。夹竹桃科长春花属植物,株高 50～60 cm,茎直立;叶对生,叶膜质,倒卵状长圆形;聚伞花序顶生或腋生,花冠红色或白色,高脚碟状,花期春、夏、秋季。长春花叶片苍翠,花色鲜艳,是良好的盆栽植物,也可用于装饰花境、花坛。在热带及亚热带地区,长春花还可作为地被植物成片栽植。

(3)雏菊 *Bellis perennis* L.

雏菊别名马兰头花、延命菊、春菊、太阳菊。菊科雏菊属植物,植株矮小,株高 15～20 cm,叶基部丛生,倒卵形或匙形;头状花序单生,舌状花条形,平展,单轮或多轮,有白、粉、紫等花色,花期 4—6 月。雏菊外观古朴,花朵娇小玲珑,色彩和谐,适合花坛和地被应用,也可盆栽观赏。

(4)万寿菊 *Tagetes erecta* L.

万寿菊别名臭芙蓉、蜂窝菊、臭菊。菊科万寿菊属植物,株高 30～100 cm,茎直立,粗壮;叶羽状分裂,裂片长椭圆形或披针形,叶缘油腺点,有特殊气味;头状花序单生,总苞杯状,舌状花黄色或暗橙色,管状花,花冠黄色,花期 6—10 月。万寿菊花大、花期长,适宜布置花坛、花境、花篱等,也可作盆栽观赏。植株较高的品种还可作切花材料。

(5)鸡冠花 *Celosia cristata* L.

鸡冠花别名鸡髻花、老来红、芦花鸡冠、鸡公花。苋科青葙属植物,株高 30～90 cm,茎直立,全株无毛、粗壮;单叶互生,卵形、卵状披针形或线状披针形;肉质穗状花序顶生,呈扁平状,似鸡冠;常见栽培类型有圆绒鸡冠、凤尾鸡冠,花色有鲜红色、橙黄色、暗红色、红黄相杂色等,花期 6—11 月。鸡冠花花色、品种极为丰富,可布置花坛、花境,也可盆栽及作切花材料。

(6)百日草 *Zinnia elegans* Jacq.

百日草别名步步高、火球花、对叶菊、秋罗等。菊科百日菊属植物,株高 40～120 cm,茎直立,粗壮;叶对生无柄,卵圆形至椭圆形;头状花序单生茎顶,舌状花倒卵形,花色有红、黄、白、紫等,花期 6—10 月。百日草花大色艳,开花早,花期长,株型美观,可按高矮分别用于花坛、花境、花带、花群布置,也常用于盆栽观赏。

(7)矮牵牛 *Petunia ×hybrida* Hort. ex Vilm.

矮牵牛别名灵芝牡丹、碧冬茄、番薯花。茄科碧冬茄属植物,株高 40～60 cm,茎直立或匍地生长,全株被短毛;上部叶对生,中下部叶互生,卵形,叶质柔软;花单生于叶腋或枝顶,花冠呈漏斗状,花形有单瓣、重瓣,瓣缘皱褶或呈不规则锯齿等,花色有红、白、粉、紫及带各种斑点、网纹、条纹等，花期 4—10 月。矮牵牛花色丰富，花形多样，花期长，是花坛美化的优良草花，大花重瓣品种宜盆栽观赏，长枝品种可用于垂直美化。

（8）波斯菊 *Cosmos bipinnatus* Cav.

波斯菊别名秋英、大波斯菊、扫帚梅。菊科秋英属植物，株高 1～2 m，茎直立，光滑或具微毛，多分枝；叶对生，二回羽状深裂，裂片线形；头状花序顶生或腋生，花色有粉红、玫红、紫红、蓝紫、白等。花期夏、秋季。波斯菊叶形雅致，花色丰富，适于布置花境，或在草地边缘、树丛周围及路旁成片栽植作背景。

（9）金盏花 *Calendula officinalis* L.

金盏花别名盏盏菊、黄金盏、长生菊、醒酒花、常春花等。菊科金盏花属植物，株高 30～60 cm，全株微被毛；叶互生，长圆状倒卵形；头状花序单生茎枝端，花色丰富，花期 3—6 月。金盏花鲜艳美丽，是春季花坛的主要材料，也可作早春盆花或切花。

（10）美女樱 *Glandularia × hybrida* (Groenland & Rümpler) G. L. Nesom & Pruski

美女樱别名草五色梅、铺地马鞭草、铺地锦、四季绣球、美人樱。马鞭草科美女樱属植物，株高 40 cm 左右，全株有细绒毛，植株丛生；叶对生，具短柄，卵形；穗状花序顶生，花小而密集呈伞房状，花色有白、红、蓝、雪青、粉红等，花期 5—11 月。美女樱花色丰富、花期长，是配置花坛、花境的理想材料，或做树坛边缘绿化，也可盆栽观赏。

（11）牵牛花 *Ipomoea nil* (Lin.) Roth.

牵牛花别名朝颜、碗公花、喇叭花、勤娘子。旋花科番薯属植物，一年生缠绕草本，茎上被倒向的短柔毛及杂有倒向或开展的长硬毛；叶宽卵形或近圆形，叶面或疏或密被柔毛；花腋生，单一或通常 2 朵着生于花序梗顶，花冠漏斗状，花色有蓝、绯红、桃红、紫、混色等，花期 5—11 月。牵牛花形态独特，花色丰富，可作小庭院及居室窗前遮阴、小型棚架、篱垣的美化，也可作地被栽植。

（12）金鱼草 *Antirrhinum majus* L.

金鱼草别名龙头花、狮子花、龙口花、洋彩雀。车前科金鱼草属植物，株高 20～70 cm，茎直立，微具细茸毛；下部叶对生，上部叶互生，披针形或长卵圆形；总状花序顶生，花冠筒状唇形，花色有白、淡红、深红、肉色、浅黄、橙黄等，花期 7—10 月。金鱼草花朵形状多样，品种繁多，色彩丰富，是优良花坛、花境和花带材料，高茎种可作切花，中、矮茎种可供盆栽观赏。

（13）薰衣草 *Lavandula angustifolia* Mill.

薰衣草别名香水植物、灵香草、香草、黄香草。唇形科薰衣草属植物，株高 30～90 cm，草茎直立，分枝，被星状绒毛；叶互生，椭圆形披尖叶，或叶面较大的针形，叶缘反卷；穗状花序顶生，花冠下部筒状，上部唇形，花色以蓝紫色居多，具芳香，花期 5—7 月。薰衣草叶形花色优美，可布置花境、花带、花丛等，也可盆栽观赏。

（14）一串红 *Salvia splendens* Ker Gawl.

一串红别名炮仗红、拉尔维亚、象牙红、西洋红。唇形科鼠尾草属植物，亚灌木状草本，株高 30～80 cm；叶对生，卵形或三角卵形；总状花序顶生，花冠红色，冠筒筒状，直伸，花期 5—10 月。一串红颜色鲜艳，花期长，可布置花坛、花境或花台，也可作花丛或花群镶边。

（15）紫茉莉 *Mirabilis jalapa* L.

紫茉莉别名胭脂花、粉豆花、夜饭花、夜来香。紫茉莉科紫茉莉属植物，株高30～80 cm，茎直立，多分枝；单叶对生，纸质，卵形或三角状卵形；花单生或3～5朵簇生枝顶，花冠高脚碟状，边缘有波状浅裂，但不分瓣，花午后开放，次日午前凋萎，有紫、红、黄、白、红黄相间等色，花期6—11月。紫茉莉花色丰富，花开繁茂，可在房前屋后、篱旁、路边丛植，或于林缘周围成片栽培，也可盆栽观赏。

（16）香雪球 *Lobularia maritima* (L.) Desv.

香雪球别名庭芥、小白花、玉蝶球。十字花科香雪球属植物，株高10～40 cm，茎自基部向上分枝，常呈密丛；叶互生，叶条形或披针形，两端渐窄，全缘；花序伞房状，花小有微香，花瓣淡紫色或白色，花期6—7月。香雪球匍匐生长，幽香宜人，是布置岩石园的优良花卉，也是花坛、花境的优良镶边材料，盆栽观赏亦可。

（17）三色堇 *Viola tricolor* L.

三色堇别名猫儿脸、蝴蝶花、人面花、猫脸花、阳蝶花、鬼脸花。堇菜科堇菜属植物，株高15～30 cm，地上茎直立或稍倾斜，多分枝；叶互生，基生叶叶片长卵形或披针形，茎生叶叶片卵形、长圆形或长圆披针形；花单生于叶腋，花大，直径约3.5～6 cm，通常每花有紫、白、黄三色，花期4—7月。三色堇花朵色彩丰富，花期长，常地栽于花坛上，还适于布置花境、草坪边缘，也可盆栽观赏。

（18）千日红 *Gomphrena globosa* L.

千日红别名火球花、百日红。苋科千日红属植物，株高30～60 cm，茎直立，粗壮，多分枝；叶对生，纸质，长椭圆形或矩圆状倒卵形；花呈顶生球形或矩圆形头状花序，常紫红色，有时淡紫色或白色，花期6—10月。千日红花期长，花色鲜艳，是花坛、花境美化的理想材料，也可作干花使用。

（19）石竹 *Dianthus chinensis* L.

石竹别名洛阳花、中国石竹、中国沼竹等。石竹科石竹属植物，株高20～40 cm，茎簇生，直立，上部分枝；叶对生，线状披针形，基部抱茎；花单生枝端或数花集成聚伞花序，花萼圆筒形，花瓣倒卵状三角形，顶缘不整齐齿裂，花色有紫红色、粉红色、鲜红色或白色等，花期4—9月。石竹株型低矮，茎秆似竹，叶丛青翠，花色丰富，可用于花坛、花境、花台或盆栽，也可用于岩石园和草坪边缘点缀。

（20）毛地黄 *Digitalis purpurea* L.

毛地黄别名洋地黄、指顶花、金钟等。车前科毛地黄属植物，株高60～120 cm，茎直立，少分枝，全株被灰白色短柔毛和腺毛；叶基生，莲座状，为卵圆形或卵状披针形，叶缘有圆锯齿；总状花序顶生，花朵钟形，花色丰富，花期5—6月。毛地黄花形奇特，为优良的观花植物，可丛植、片植于公园、庭园的绿地，也可应用于花坛、花境，还可作盆栽观赏。

（21）醉蝶花 *Tarenaya hassleriana* (Chodat) Iltis

醉蝶花别名西洋白花菜、凤蝶草、紫龙须等。白花菜科醉蝶花属植物，株高70～120 cm，全株被黏质腺毛，有特殊臭味；叶为具5～7小叶的掌状复叶，小叶草质，椭圆状披针形或倒披针形；总状花序顶生，花由底部向上次第开放，花瓣披针形向外反卷，花苞红色,花瓣呈玫瑰红色或白色,花期 6—9 月。醉蝶花盛开时似蝴蝶飞舞,在夏、秋季可用于布置花坛、花境,也可进行矮化栽培,作为盆栽观赏。

（22）羽扇豆 *Lupinus micranthus* Guss.

羽扇豆别名鲁冰花。豆科羽扇豆属植物,株高 70~120 cm,茎上升或直立,基部分枝,全株被棕色或锈色硬毛;掌状复叶,小叶披针形至倒披针形,叶质厚;总状花序顶生,尖塔形,下方的花互生,上方的花不规则轮生,花色丰富,常见有红、黄、蓝、粉等,花期 4—6 月。羽扇豆叶形优美,花色多,可用作花坛、花境布置,亦可盆栽观赏或作切花。

（23）瓜叶菊 *Pericallis×hybrida* （Regel） B. Nord.

瓜叶菊别名富贵菊、黄瓜花。菊科瓜叶菊属植物,茎直立,被密白色长柔毛;叶片大,边缘不规则三角状浅裂或具钝锯齿;头状花序簇生呈伞房状,花瓣舌片开展,长椭圆形,花色有紫红色、淡蓝色、粉红色或近白色等,花期 12 月至翌年 4 月。瓜叶菊是元旦、春节期间的主要观赏盆花之一,也可作早春花坛用花。

（24）紫罗兰 *Matthiola incana* （L.） W. T. Aiton

紫罗兰别名草桂花、四桃克、草紫罗兰等。十字花科紫罗兰属植物,全株密被灰白色柔毛,茎直立,多分枝,株高 30~50 cm;叶互生,长圆形至倒披针形或匙形;总状花序顶生和腋生,花多数,较大,花梗粗壮,萼片直立,长椭圆形,花瓣近卵形,花色紫红、淡红或白色等,芳香,花期 4—5 月。紫罗兰花朵茂盛,花色鲜艳,可供盆栽或切花观赏,亦可用于布置花坛、花境或花带。

（25）洋桔梗 *Eustoma grandiflorum* （Raf.）Shinners

洋桔梗别名草原龙胆、丽钵花、德州兰铃等。龙胆科洋桔梗属植物,叶对生,灰绿色,卵形,全缘;花冠呈漏斗状,通常单枝着花 5~10 朵,有单、重瓣之分,花色非常丰富,主要有红、粉红、淡紫、紫、白、黄以及各种不同程度镶边的复色花,花期 4—12 月。洋桔梗姿态优雅,色彩丰富,花期较长,主要用于切花观赏,是制作花束、花篮和干花的上好材料。

（26）羽衣甘蓝 *Brassica oleracea* var. *acephala* DC.

羽衣甘蓝别名叶牡丹、牡丹菜等。十字花科芸薹属植物,观叶花卉,株高 20~40 cm;基生叶片紧密互生呈莲座状,叶片有光叶、皱叶、裂叶、波浪叶之分,外叶较宽大,叶片翠绿、黄绿或蓝绿,内部叶叶色极为丰富,有黄、白、粉红、红、玫瑰红、紫红、杂色等,叶片观赏期 12 月至翌年 4 月。羽衣甘蓝叶色鲜艳,是冬季和早春重要的观叶植物,多用于布置花坛、花境,或作盆栽观赏。

（27）报春花 *Primula malacoides* Franch.

报春花别名四季报春、年景花等。报春花科报春花属植物,植株低矮,株高约20 cm;叶基生,形成莲座状叶丛,叶片卵形至椭圆形或矩圆形,全株被白色绒毛;伞形花序顶生,花冠漏斗状或高脚碟状,花色有红、黄、橙、蓝、紫、白等,花期 12 月至翌年 4月。报春花花色鲜艳,形姿优美,宜作冬春季室内小型盆栽观赏,也可露地植于花坛、花境。

（28）福禄考 *Phlox drummondii* Hook.

福禄考别名小天蓝绣球、雁来红、洋梅花等。花荵科福禄考属植物,茎直立,多分枝;下部叶对生,上部叶互生,叶面有柔毛,卵圆形至阔披针形;圆锥状聚伞花序顶生,花冠高脚碟状,5浅裂,裂片圆形,花色有玫红、淡红、深红、紫、白、淡黄等,花期5—10月。福禄考植株矮小,花色丰富,可作花坛、花境及岩石园的植株材料,亦可作盆栽供室内装饰。

(29)天竺葵 *Pelargonium hortorum* L. H. Bailey

天竺葵别名洋绣球、石腊红、入腊红等。牻牛儿苗科天竺葵属植物,茎直立,株高30~60 cm,多分枝或不分枝,具明显的节,密被短柔毛;叶互生,叶片圆形至肾形,通常叶表面有暗红马蹄形环纹;伞形花序腋生,具多花,似绣球,花瓣有单瓣、重瓣之分,花色有红色、桃红色、橙红色、玫瑰色、白色或混合色等,花期5—7月。天竺葵花色丰富,花朵密集,花期长,可作盆栽观赏和花坛用花。

2. 宿根花卉

(1)菊花 *Chrysanthemum×morifolium* (Ramat.) Hemsl.

菊花别名寿客、金英、黄华、延年等。菊科菊属植物,株高60~150 cm,茎直立,分枝或不分枝,被柔毛;叶互生,叶片卵形至披针形,羽状浅裂或半裂。头状花序单生或数个集生于茎枝顶端,花序上着两种形式的花:一为筒状花,俗称"花心",花冠连成筒状,为两性花;另一为舌状花,生于花序边缘,俗称"花瓣",舌状花形状分平、匙、管、桂、畸等5类,花色有红、黄、白、橙、紫、粉红、暗红等,花期4—12月。菊花花形优美,花色丰富,是优良盆花、花坛、花境用花及切花材料。

(2)香石竹 *Dianthus caryophyllus* L.

香石竹别名康乃馨、麝香石竹。石竹科石竹属植物,株高30~80 cm,茎丛生,直立,基部木质化,上部稀疏分枝;叶对生,叶片线状披针形,全缘,叶质较厚;花单生或数朵簇生枝端,苞片2~3层,花色丰富,有大红、粉红、深红、白色等,还有复色及镶边色等,花期5—10月。香石竹花色品种繁多,主要用于切花生产,也可盆栽观赏。

(3)飞燕草 *Consolida ajacis* (L.) Schur

飞燕草别名鸽子花、萝小花、千鸟花等。毛茛科飞燕草属植物,株高30~60 cm,茎具疏分枝;叶掌状全裂,叶互生;总状花序顶生或分生枝顶端,具3~15朵花,蓝色或紫蓝色,盛开时如群鸟飞舞,花期6—9月。飞燕草植株挺拔,叶片纤细,花形别致,宜布置花带和花境,可植于水边、林缘,也可作切花。

(4)鸢尾 *Iris tectorum* Maxim.

鸢尾别名蓝蝴蝶、紫蝴蝶、扁竹花。鸢尾科鸢尾属植物,株高30~60 cm,根状茎短粗而多节,分枝丛生;叶基生,黄绿色,稍弯曲,宽剑形;花蓝紫色,花径约10 cm,上端膨大,呈喇叭形,外花被裂片圆形或宽卵形,花期4—6月。鸢尾花形奇特,是布置花坛、花境及自然式栽植的适宜材料,亦可作切花。

(5)满天星 *Gypsophila paniculata* L.

满天星别名圆锥石头花、锥花霞草、宿根满天星、锥花丝石竹。石竹科石头花属植物,株高30~80 cm,茎细多分枝;叶对生,披针形或线状披针形;圆锥状聚伞花序,每花序内的小花最先是顶端开放,逐步下延,花瓣匙形,花色有粉色、蓝色、白色和紫色等,具淡淡香气,花期6—8月。满天星花朵美丽,开花繁多,主要作切花,是常用的插花材料。

（6）非洲菊 *Gerbera jamesonii* Bolus

非洲菊别名扶郎花、太阳花、灯盏花。菊科大丁草属植物，全株具毛，株高 30～60 cm；叶基生，莲座状，叶片边缘不规则羽状浅裂或深裂；头状花序单生，花径 6～10 cm，花柄长，高于叶丛，花瓣舌状轮生在花蕊四周，花色丰富，有绯红、宫粉、橙黄等单色和红白相间、斑点洒金等复色，四季均可开花，以春、秋两季为盛。非洲菊切花瓶插期长，为理想的切花花卉，也宜盆栽观赏。在温暖地区，还可应用于庭院丛植、布置花境、装饰草坪边缘等。

（7）花烛 *Anthurium andraeanum* Linden

花烛别名红鹅掌、火鹤花、安祖花等。天南星科花烛属植物，茎节短；叶自基部生出，叶绿色，革质，全缘，长圆状心形或卵心形，叶柄细长；佛焰苞平出，卵心形，革质并有蜡质光泽，橙红色或猩红色；肉穗花序圆柱形，螺旋状，黄色，可常年开花。花烛花叶俱美，花期长，为优质的切花材料，也可盆栽观赏。

（8）君子兰 *Clivia miniata* Regel Gartenfl.

君子兰别名剑叶石蒜、大花君子兰。石蒜科君子兰属植物，叶片从根部短缩的茎上呈二列叠出，宽阔呈带形，质地硬而厚实，有光泽及脉纹；花莛自叶丛中抽出，伞形花序顶生，花漏斗状，橘黄色或橙红色；盛花期自元旦至春节，以春、夏季为主，可全年开花。君子兰株形端庄优美，是优良观花、观叶盆花，而且能够早春开花，是重要的节庆花卉。

（9）四季秋海棠 *Begonia cucullata* Willd.

四季秋海棠别名蚬肉秋海棠、玻璃翠、瓜子海棠等。秋海棠科秋海棠属植物，茎直立，稍肉质；单叶互生，有光泽，卵圆至广卵圆形，边缘有小齿和缘毛，呈绿色或带淡红色；聚伞花序腋生，具数花，花朵有单瓣及重瓣，花色有红色、淡红色或白色等，花期 3—12 月。四季秋海棠四季成簇开放，是花坛、吊盆、栽植槽和室内布置的理想材料，是优良的室内观赏盆花。

（10）鹤望兰 *Strelitzia reginae* Aiton

鹤望兰别名天堂鸟，极乐鸟花。鹤望兰科鹤望兰属植物，株高 1～2 m，茎不明显；叶对生，叶片长圆状披针形，叶柄细长；花茎顶生或生于叶腋间；花数朵生于总花梗上，下托一佛焰苞，佛焰苞舟状，花形似鹤，花瓣橙红色或蓝紫色，花期 9 月至翌年 6 月。鹤望兰是大型盆栽观赏花卉和名贵切花，在我国广东、海南、广西等地，还可丛植于院角，用于庭院造景和花坛、花境的点缀。

3. 球根花卉

（1）百合 *Lilium brownii* var. *viridulum* Baker

百合别名强瞿、番韭、山丹、倒仙、重迈、中庭等。百合科百合属植物，株高 70～150 cm，地上茎直立，圆柱形；叶多互生或轮生，倒披针形至倒卵形；花单生、簇生或成总状花序，花大型，漏斗状或喇叭状，向外张开或先端外弯而不卷，花色丰富，常具芳香。百合栽培品种多，花期长，花姿独特，主要作鲜切花，也可在园林中片植疏林、草地，或布置花境，或盆栽观赏。

（2）美人蕉 *Canna indica* L.

美人蕉别名兰蕉、昙华、红艳蕉等。美人蕉科美人蕉属植物，株高 100～150 cm，地上茎直立,肉质,不分枝;茎叶具白粉,叶互生,宽大,长椭圆状披针形;总状花序自茎顶抽出,有长梗,花大,花色常见有乳白、鲜黄、橙黄、橘红、粉红、大红等,花期5—10月。美人蕉花大色艳,色彩丰富,株形好,适合大片自然栽植,或布置花坛、花境、庭院隙地。

(3)唐菖蒲 *Gladiolus gandavensis* Van Houtte

唐菖蒲别名菖兰、剑兰、扁竹莲等。鸢尾科唐菖蒲属植物,株高60～150 cm,茎粗壮,直立,无分枝或少有分枝;叶基生,硬质剑形,7～8片叶嵌叠状排列;花茎直立,蝎尾状聚伞花序顶生,着花8～20朵,小花花冠漏斗状,花色有红、粉、黄、橙、白和复色等,花期7～9月。唐菖蒲叶形优美,花色丰富,花型独特,主要作切花,广泛用于花篮、花束和艺术插花,也可用于庭院丛植。

(4)大丽花 *Dahlia pinnata* Cav.

大丽花别名大理花、天竺牡丹、东洋菊等。菊科大丽花属植物,株高40～150 cm,茎直立,粗壮,多分枝;叶1～3回羽状全裂,裂片卵形或长圆状卵形,灰绿色;头状花序大,具总长梗,外周舌状花,花色常见有红、粉、紫、白、黄、橙等,花期5—11月。大丽花花期长、品种繁多、花型丰富,可用于花坛、花境或庭前丛植,也可盆栽观赏,也可作切花。

(5)马蹄莲 *Zantedeschia aethiopica*(L.)Spreng.

马蹄莲别名慈姑花、水芋、海芋百合等。天南星科马蹄莲属植物,株高60～70 cm,具块茎;叶基生,叶柄长,叶片较厚,心状箭形或箭形;花序柄长,光滑,佛焰苞长,亮白色,肉穗花序圆柱形,黄色,自然花期一般为11月至翌年5月。马蹄莲花型独特、花叶同赏,是花束、捧花和艺术插花的极好材料,也可配植庭园,丛植于水池或堆石旁。

(6)郁金香 *Tulipa×gesneriana* L.

郁金香别名洋荷花、草麝香、荷兰花等。百合科郁金香属植物,株高15～60 cm,地下具肉质层状鳞茎,地上茎叶光滑,被白粉;叶带状披针形至卵状披针形;花单生茎顶,直立杯状,花被片6枚,离生,花色有白、黄、橙、红、紫及复色,花期3—5月。郁金香品种、花色繁多,色彩丰润、艳丽,可作切花、盆花,在园林中最宜作春季花境、花坛布置或草坪边缘呈自然带状栽植。

(7)小苍兰 *Freesia hybrida* Klatt

小苍兰别名香雪兰、洋晚香玉。鸢尾科香雪兰属植物,基生叶,剑形或条形,略弯曲;花茎直立,穗状花序,每花序着花5～10朵,花被管喇叭形,花香浓郁,花色有黄、白、粉、红、紫、蓝等,花期2—5月。小苍兰株态清秀,花色丰富,花期较长,在温暖地区可栽于庭院中作为地栽观赏花卉,用作花坛或自然片植,也可作盆花点缀厅房、案头。

(8)水仙 *Narcissus tazetta* subsp. *chinensis*(M. Roem.)Masam. & Yanagih.

水仙别名中国水仙、金盏银台、玉玲珑等。石蒜科水仙属植物,球茎为圆锥形或卵圆形,外被黄褐色纸质薄膜;叶扁平带状,苍绿;花序轴由叶丛抽出,伞形花序,花被片6枚,花被基部合生,白色,副冠杯形,鹅黄或鲜黄色,花侧向或下垂,具浓香,花期1—3月。水仙株型清秀,花色淡雅,芳香馥郁,花期正值春节,是我国传统十大名花之一,既适宜室内案头、窗台点缀,又适宜在园林中布置花坛、花境,也宜在疏林下、草坪中成丛成片种植。

（9）风信子 *Hyacinthus orientalis* L. Sp. Pl.

风信子别名洋水仙、五色水仙、时样锦等。天门冬科风信子属植物，鳞茎球形或扁球形，有膜质外皮；叶4～9枚，叶肉质，基生，肥厚有光泽，带状披针形；花茎肉质，中空，总状花序顶生，着花10～20朵，小花漏斗状，花色有蓝紫、白、红、粉黄等，具芳香，花期3—4月。风信子花序端庄，花色丰富，花期早，适合早春花坛、花境布置或作园林饰边材料。另外风信子鳞茎易促成栽培，也被广泛用作冬春室内盆栽观赏。

（10）仙客来 *Cyclamen persicum* Mill.

仙客来别名萝卜海棠、兔耳花、一品冠等。报春花科仙客来属植物，肉质块茎初期呈球形，随着年龄增长呈扁球形，具木栓质表皮；叶和花葶同时自块茎顶部抽出，叶心状卵圆形，叶缘具细锯齿，叶质地稍厚，叶面深绿色，有浅色的斑纹；花大，单生而下垂，花瓣向上翻卷似兔耳，花色丰富，有白、绯红、紫红、大红、玫红等，花期10月至翌年5月。仙客来花期长，花叶俱美，为冬春季节主要观赏花卉，主要用作盆花室内点缀装饰，也可作切花。

（11）朱顶红 *Hippeastrum striatum* Herb.

朱顶红别名华胄兰、百枝莲、孤挺花等。石蒜科朱顶红属植物，鳞茎大，近球形，叶着生于鳞茎顶部，带状，略肉质，与花同时或花后抽出，4～8片呈二列叠生；花茎粗壮，直立中空，自叶丛外侧抽生，高于叶丛，顶端着花4～6朵，近伞形花序，花大，漏斗状，呈水平或下垂开放，花色丰富，有粉、红、白等，花期5—6月。朱顶红花茎直立，花大色艳，适宜盆栽，也可布置花境、花丛或作切花。

（12）晚香玉 *Polianthes tuberosa* L.

晚香玉别名夜来香、月下香、玉簪花等。石蒜科晚香玉属植物，多年生草本，地下部呈圆锥状块茎（上半部呈鳞茎状），茎直立，不分枝；基生叶6～9枚簇生，带状披针形；穗状花序顶生，小花成对着生，每穗着花12～32朵；花白色，漏斗状，端部五裂，筒部细长，具浓香，花期7—11月。晚香玉花色纯白，香气馥郁，入夜尤甚，适宜布置花园，也可作切花材料。

4. 水生花卉

（1）莲 *Nelumbo nucifera* Gaertn.

莲别名荷花、菡萏、水芙蓉、芙蕖等。莲科莲属植物，根状茎横生，肥厚，节间膨大；叶盾状圆形，全缘或稍呈波状，表面深绿色，被蜡质白粉覆盖，具粗壮叶柄，被短刺；花单生于花梗顶端，叶和花挺于水面之上，品种多，有单瓣、复瓣、重瓣及重台等花型，花色红、粉红、白、紫等，花期6—9月。荷花花大色艳，清香远溢，是美化水面、点缀庭榭或盆栽观赏、制作插花的重要花卉。

（2）睡莲 *Nymphaea tetragona* Georgi.

睡莲别名茈碧莲、子午莲。睡莲科睡莲属植物，根状茎短粗，叶丛生，具细长柄，圆形或卵圆形，浮于水面，叶面浓绿色，背面带红色或紫色；花大，单生于细长花梗顶端，浮于或挺出水面，花色丰富，花期6—9月。睡莲花色绚丽，常用于点缀平静水池、湖面，也可盆栽观赏或切花应用。

（3）千屈菜 *Lythrum salicaria* L.

千屈菜别名水枝柳、水柳、对叶莲。千屈菜科千屈菜属植物，根茎横卧于地下，粗壮,茎直立,多分枝,四棱茎,株高 30～100 cm;叶对生或三叶轮生,披针形或阔披针形;花组成小聚伞花序,红紫色或淡紫色,簇生,花枝全形似大型穗状花序,花期 7—9月。千屈菜株形紧凑,花序整齐,花期长,宜在浅水岸边丛植或池中栽植,也可作花境材料及切花。

(4)凤眼莲 *Eichhornia crassipes*(Mart.)Solms

凤眼莲别名水浮莲、布袋莲、浮水莲花等。雨久花科凤眼蓝属植物,茎极短,具长葡匐枝;叶基部丛生,圆形、宽卵形或宽菱形,叶柄长短不等,中部膨大成囊状或纺锤形;短穗状花序顶生,蓝紫色,花期 7—10 月。凤眼莲花色美丽,叶色鲜绿,叶柄气囊奇特,既宜庭院水池放养,又适盆栽观赏。

(5)菖蒲 *Acorus calamus* L.

菖蒲别名泥菖蒲、野菖蒲、大菖蒲等。天南星科菖蒲属植物,多年生挺水植物,株高 50～150 cm,全株有特殊香气,根茎稍偏肥,横走;叶二列状基生,剑状线形,基部对褶,草质,绿色,光亮;花茎基出,三棱形,叶状佛焰苞剑状线形,肉穗花序斜上或近直立,圆柱形,花期 6—9 月。菖蒲叶丛翠绿,端庄秀丽,适宜水景岸边及水体绿化,也可盆栽观赏或作布景用,叶、花序还可以作插花材料。

5. 木本花卉

(1)桂花 *Osmanthus fragrans*(Thunb.)Lour.

桂花别名岩桂、木樨、九里香。木樨科木樨属植物,树皮灰褐,小枝黄褐,叶片革质,椭圆形、长椭圆形或椭圆状披针形,全缘或通常上半部具细锯齿;聚伞花序簇生于叶腋,或近于扫帚状,每腋内有花多朵;花冠黄白色、淡黄色、黄色或橘红色,花香浓郁,花期 9—10 月。桂花在园林中常作园景树,有孤植、对植,也可丛植或片植古典园林中。

(2)含笑花 *Michelia figo*(Lour.)Spreng.

含笑花别名含笑美、含笑梅、山节子、白兰花、唐黄心树、香蕉花、香蕉灌木。木兰科含笑属植物,树皮灰褐,分枝繁密,芽、嫩枝、叶柄、花梗均密被黄褐色绒毛;叶革质,狭椭圆形或倒卵状椭圆形;花单生叶腋,花被肉质肥厚,淡黄色而边缘有时红色或紫色,具甜浓的芳香,花期 3—5 月。含笑是著名香花树种,常配置于公园、庭园、街心公园的建筑周围。

(3)蜡梅 *Chimonanthus praecox*(L.)Link

蜡梅别名金梅、蜡花、蜡梅花、蜡木、香梅等。蜡梅科蜡梅属植物,单叶对生,卵状披针形或卵状椭圆形,纸质至近革质;花两性,单生,一般着生于第二年生枝条叶腋内,先花后叶,花被外轮蜡质,芳香,花色有黄色、白色、红色,花期 11 月至翌年 3 月。一般以自然式的孤植、对植、丛植、列植、片植等方式配置于园林或建筑入口处两侧、厅前亭周、窗前屋后、道路之旁等。

(4)夹竹桃 *Nerium oleander* L.

夹竹桃别名洋桃、叫出冬、柳叶树等。夹竹桃科夹竹桃属植物,枝条灰绿色,含水液;叶 3～4 枚轮生,下枝为对生,窄披针形,叶面深绿,叶背浅绿色;聚伞花序顶生,着花数朵,花冠单瓣或重瓣,单瓣呈 5 裂时为漏斗状,有深红色、粉红或白色,花期 6—10月。夹竹桃是优良的园林观赏植物,适于公园、绿地、路旁孤植、群植。

（5）玉兰 *Yulania denudata* （Desr.）D. L. Fu

玉兰别名木兰、玉兰花、玉堂春等。木兰科玉兰属植物，树皮深灰，粗糙开裂；叶纸质，倒卵形、宽倒卵形或倒卵状椭圆形；花蕾卵圆形，花大且先叶开放，直立，芳香浓郁，花被片9片，长圆状倒卵形，常见花色白色，基部常带粉红色，花期3—5月。玉兰开花清新、淡雅，常在古典园林的厅前后院配置，也可在路边草坪、亭台前后或洞阁之旁丛植。

（6）火棘 *Pyracantha fortuneana* （Maxim.）H. L. Li

火棘别名火把果、救军粮、红子刺、吉祥果。蔷薇科火棘属植物，常绿灌木，主要赏果，侧枝短，先端呈刺状；叶片倒卵形或倒卵状长圆形，边缘有钝锯齿，齿尖向内弯；花集成复伞房花序，花瓣白色，果实近球形，橘红色或深红色，花期3—5月，果期8—11月。火棘四季常绿，枝叶繁茂，既可观叶观花，亦可观果，宜作绿篱或成丛栽植，草坪、路隅、岩坡、池畔点缀数丛，很是别致。

（7）杜鹃 *Rhododendron simsii* Planch.

杜鹃别名映山红、照山红、唐杜鹃等。杜鹃花科杜鹃花属植物，植株分枝多而纤细，密被亮棕褐色扁平糙伏毛；叶革质，常集生枝端，卵形、椭圆状卵形、倒卵形、倒卵形至倒披针形；花朵簇生枝顶，花冠阔漏斗形，花色丰富，自然花期4—5月。杜鹃品种繁多，园林中最宜在林缘、溪边、池畔及岩石旁成丛成片栽植，也可于疏林下散植，部分品种还可盆栽观赏。

（8）凌霄 *Campsis grandiflora* （Thunb.）Schum.

凌霄别名紫葳、苕华、倒挂金钟等。紫葳科凌霄属植物，茎木质，枯褐色，用气生根攀缘；叶对生、奇数羽状复叶，小叶卵形至卵状披针形；短圆锥花序顶生，花冠大，钟形，内面鲜红色，外面橙黄色，花期5—10月。凌霄柔条细蔓，花大色艳，花期长，为庭园中棚架、花门之良好的绿化材料。

（9）红花檵木 *Loropetalum chinense* var. *rubrum* Yieh

红花檵木别名红继木、红桎木、红桎木等。金缕梅科檵木属植物，多分枝；单叶互生，叶革质，卵形，新叶紫红色；3～8朵花簇生于小枝端，有短花梗，紫红色，先花后叶或花叶同放，花期3—5月。红花檵木枝繁叶茂，姿态优美，耐修剪，耐蟠扎，可用于绿篱，也可用于制作树桩盆景。

（10）迎春花 *Jasminum nudiflorum* Lindl

迎春花别名小黄花、金腰带、黄梅等。木樨科素馨属植物，茎直立或匍匐，枝稍扭曲，光滑无毛；叶对生，三出复叶，小叶卵形、长卵形或椭圆形、狭椭圆形；花单生于去年生小枝的叶腋，稀生于小枝顶端，花冠黄色，花瓣倒卵形或椭圆形，花期2—4月。迎春枝条披垂，冬末至早春先花后叶，适于庭园应用，可作花篱、绿篱，也可栽植在湖边、溪畔、桥头、墙隅、草坪、林缘、坡地，或房屋周围。

（11）茉莉花 *Jasminum sambac* （L.）Aiton

茉莉花别名香魂、莫利花、没丽等。木樨科素馨属植物，茎直立，单叶对生，薄纸质，椭圆形或宽卵形；聚伞花序顶生，花冠白色，芳香浓郁，花期5—11月。常绿小灌木类的茉莉花叶色翠绿，花色洁白，香味浓厚，为常见花园及盆栽观赏芳香花卉。多用于盆栽，点缀园林，清雅宜人，还可加工成花环等装饰品。

（12）三角梅 *Bougainvillea spectabilis* Willd.

三角梅别名叶子花、紫亚兰、紫三角、三角花等。紫茉莉科叶子花属植物，茎粗壮，枝下垂，无毛或疏生柔毛；刺腋生，叶片纸质，卵形或卵状披针形；花序腋生或顶生于3个苞片内，花梗与苞片中脉贴生，每个苞片上生一朵花；苞片叶状，紫色、洋红色、白色或淡紫红色，纸质，花期4—11月。三角梅枝干可塑性高，适合作为盆栽观赏或是庭院种植，还可以作为绿篱，修剪出独特的造型，在我国南方多用来作围墙的攀缘花卉。

（13）紫薇 *Lagerstroemia indica* L.

紫薇别名百日红、满堂红、痒痒树等。千屈菜科紫薇属植物，树冠不整齐，枝干多扭曲，干皮光滑，淡褐色，小枝纤细；叶互生或有时对生，椭圆形至倒卵状椭圆形，纸质；圆锥花序顶生，花淡红色、紫色、暗红色或白色，花期6—9月。紫薇花色鲜艳美丽，花期长，适于庭园、门前、窗外配置，在园林中，可采用孤植、对植、群植、丛植和列植等方式科学而艺术地造景。

（14）月季花 *Rosa chinensis* Jacq.

月季花别名月月红、月月花、长春花等。蔷薇科蔷薇属植物，茎粗壮，圆柱形，小枝具钩状皮刺或无刺；叶墨绿色，叶互生，奇数羽状复叶，小叶一般3～5片，宽卵形或卵状长圆形；花单生或几朵簇生呈伞房状，花瓣多为重瓣，品种繁多，花色丰富，有香气，花期3—11月。月季是我国十大传统名花之一，是园林布置的好材料，常用于花坛、花屏、花门、花廊、花带、花篱等布置，也广泛用作盆花及切花观赏。

（15）栀子 *Gardenia jasminoides* J. Ellis

栀子别名黄果子、山黄枝，黄栀等。茜草科栀子属植物，枝丛生，圆柱形；叶对生或三叶轮生，叶片翠绿有光泽，革质，呈倒卵状长椭圆形；花单生于枝顶或叶腋，花冠白色或乳黄色，肉质，高脚碟状，花香浓郁，花期5—8月。栀子花清丽可爱，为庭院中优良的美化材料，适用于阶前、池畔和路旁配置，也可用作花篱、盆栽和盆景观赏花，还可作插花和佩带装饰。

（16）木槿 *Hibiscus syriacus* L.

木槿别名朝开暮落花、朱槿、篱障花等。锦葵科木槿属植物，植株高大，多分枝，小枝密被黄色星状绒毛；叶菱形至三角状卵形，具深浅不同的3裂或不裂；花单生于枝端、叶腋，花冠钟状，有单瓣、复瓣、重瓣几种，花径5～8 cm，花色有纯白、淡粉红、淡紫、紫红等，花期6—9月。木槿因枝条柔软，常作花篱、绿篱，也可丛植或单植点缀于庭园、林缘或道旁。

（17）山茶 *Camellia japonica* L.

山茶别名薮春、山椿、耐冬等。山茶科山茶属植物，小枝黄褐色，无毛；单叶互生，叶革质光亮，卵形或椭圆形，叶缘有细锯齿；花常单生或2～3朵顶生或腋生，有单瓣、半重瓣及重瓣，瓣数5～100，花朵直径5～12 cm，花色丰富，有白、粉红、红、红白相间等，花期10月至翌年5月。山茶花花大色艳，花姿多变，是中国南方重要的植物造景材料之一，亦可用作插花、切花材料，还可大规模种植成专类园，观赏价值极高。

（18）绣球 *Hydrangea macrophylla* (Thunb.) Ser.

绣球别名八仙花、木绣球、紫阳花、绣球荚蒾、粉团花等。虎耳草科绣球属植物，多分枝，叶大对生，肥厚光滑；伞房状聚伞花序近球形，花密，花色有粉红色、淡蓝色、白色、复色、渐变色等，花期 5—8 月。绣球花花型丰满，大而美丽，可植于花坛、花境、庭院等处欣赏，也可植于草坪、林缘、园路拐角和建筑物前，可作盆栽，也可孤植、列植、丛植、片植于阴向山坡等。

(19)米仔兰 *Aglaia odorata* Lour.

米仔兰别名米兰、树兰等。楝科米仔兰属植物，常绿灌木或小乔木，多分枝；羽状复叶，小叶 3~5 枚，对生，厚纸质，倒卵形至长椭圆形，全缘；圆锥花序腋生，花黄色，具芳香，花冠 5 瓣，长圆形或近圆形，花期 5—12 月。米兰枝叶繁密常青，花香馥郁，花期长，是优良的庭园观赏树种，也可盆栽陈列于客厅、书房和门廊等。

(20)一品红 *Euphorbia pulcherrima* Willd. ex Klotzsch

一品红别名圣诞花、猩猩木等。大戟科大戟属植物，常绿或半常绿灌木，茎直立而光滑，质地松软，全身具乳汁；单叶互生，卵状椭圆形至阔披针形，全缘或浅裂；开花时枝顶节间变短，上面簇生出花瓣状红色苞片，向四周放射而出，小花顶生在苞片中央的杯状花序中，有黄色腺体，雌雄同株异花；花瓣状红色苞片是主要观赏部位，12 月上旬苞片开始转红，可保持至翌年 3 月。一品红是重要盆花，常用于布置花坛、花境等，是装饰酒店、学校、会议室、接待室的良好材料；又可作切花材料，制作花篮、花束、插花等。

(21)倒挂金钟 *Fuchsia hybrida* Hort. ex Sieber & Voss.

倒挂金钟别名吊钟海棠、灯笼花等。柳叶菜科倒挂金钟属植物，半灌木，茎直立，多分枝，幼枝带红色，被短柔毛与腺毛，老时渐无毛；叶对生，卵形或狭卵形；花生于茎枝顶叶腋，花梗细长，花朵下垂，花管红色，筒状似钟，花瓣颜色多变，紫红、红、粉红或白色，排成覆瓦状，花期 4—12 月。倒挂金钟开花时，垂花朵朵，婀娜多姿，如悬挂的彩色灯笼，常作盆花观赏，用来装饰室内、阳台或布置会场等。

(22)朱槿 *Hibiscus rosa-sinensis* Linn.

朱槿别名扶桑、大红花、佛槿等。锦葵科木槿属植物，常绿灌木，小枝圆柱形，疏被星状柔毛；叶阔卵形或狭卵形，边缘具粗齿或缺刻；花单生于上部叶腋间，常下垂，疏被星状柔毛或近平滑无毛，花冠漏斗形，花色丰富，有红、粉红、橙黄、粉边红心及白色等，花期全年。朱槿在南方可盆栽，也可露地栽培，是盆栽布置节日公园、花坛、宾馆、会场及家庭养花的最好花木之一。露地栽培可装饰园林绿地，尤其适合布置花墙、花篱等。

6. 兰科花卉

(1)墨兰 *Cymbidium sinense*（Jack. ex Andr.）Willd.

墨兰别名报岁兰、拜岁兰、丰岁兰等。兰科兰属植物，多年生草本，假鳞茎卵球形；叶 4~5 片丛生，带形，近薄革质，暗绿色，有光泽；花葶从假鳞茎基部发出，直立，较粗壮，总状花序，着花 7~20 朵，花色常为暗紫色或紫褐色而具浅色唇瓣，花香较浓郁，花期 1—3 月。墨兰是室内陈设的名贵盆栽花卉，常用于装点室内环境和作为馈赠亲朋的主要礼仪盆花。

(2)建兰 *Cymbidium ensifolium*（L.）Sw.

建兰别名四季兰、雄兰、骏河兰等。兰科兰属植物，多年生草本，假鳞茎椭圆形，较小；叶 2~6 片丛生，广线形，有光泽；花葶直立，一般短于叶；总状花序，着花 5~9 朵，花浅绿色带紫红斑，常有香气，花期 7—10 月。建兰叶片宽厚，直立如剑，花葶长而挺拔,花多而芳香。建兰独特的形态和花香,常作盆栽供室内陈设观赏,在多雨南方亦可在湿润疏阴的小型庭园内布置。

(3)兜兰 *Paphiopedilum* spp.

兜兰别名拖鞋兰。兰科兜兰属植物,原种 70 余种,常绿,多年生无假鳞茎草本;茎极短,叶片带状革质,近基生;花葶从叶丛中抽出,花形奇特,唇瓣呈兜状(拖鞋状);背萼极发达,呈扁圆性或倒心形,品种多,花色丰富,有各种艳丽的花纹,花期 11 月至翌年 3 月。兜兰株型小巧,花形奇特,花期长,是室内陈设的珍贵盆花之一,也可作切花。

(4)春兰 *Cymbidium goeringii* (Rchb. f.) Rchb. f.

春兰别名朵兰、扑地兰、幽兰等。兰科兰属植物,假鳞茎较小,叶线形,较短小,边缘无齿或具细齿;花葶从假鳞茎基部外侧叶腋中抽出,直立,短于叶,花单生,偶 2 朵并生,花瓣倒卵状椭圆形至长圆状卵形,花色泽变化较大,常为绿色或淡褐黄色而有紫褐色脉纹,幽香,花期 1—3 月。春兰姿态优雅、芳香怡人,是早春重要室内盆花之一,可用于书房、厅堂等点缀。

(5)蕙兰 *Cymbidium faberi* Rolfe

蕙兰别名夏兰、九华兰、九节兰等。兰科兰属植物,假鳞茎不明显,叶带形,直立性强,基部常对褶,边缘有较粗锯齿;花葶从叶丛基部最外面的叶腋抽出,总状花序,着花 5～11 朵或更多,花常为浅黄绿色,唇瓣有紫红色斑,具浓香,花期 3—5 月。蕙兰植株挺拔,花大色艳,主要用作盆栽观赏,适用于室内花架、阳台、窗台摆放,更显生机盎然,清新雅致。

(6)蝴蝶兰 *Phalaenopsis aphrodite* Rchb. f.

蝴蝶兰别名蝶兰、台湾蝴蝶兰等。兰科蝴蝶兰属植物,原种 70 余种,多年生常绿草本,茎短,无假鳞茎;气生根粗壮,圆或扁圆状;叶片厚,稍肉质,椭圆形,长圆形或镰刀状长圆形;花序侧生于茎的基部,不分枝或有时分枝,花茎拱形,总状花序,花大形似蝴蝶,花姿优美,花色艳丽,有白、红、黄、斑点和条纹等,花期在春节前后,观赏期 2～3个月。蝴蝶兰花型丰满,花朵美丽动人,是世界著名盆栽花卉,也可作切花,是室内装饰和各种花艺装饰的高档用花。

(7)卡特兰杂交种 *Cattleya hybrida*

卡特兰杂交种别名嘉德利亚兰、加多利亚兰、卡特利亚兰等。兰科卡特兰属植物,假鳞茎呈棍棒状或圆柱状;假鳞茎顶生叶 1～2 枚,长椭圆形,厚革质;花单朵或数朵着生于假鳞茎顶端,花硕大,色泽鲜艳而丰富,花瓣卵圆形,边缘波状,具浓香,花期在春季和秋季。卡特兰杂交种花大而美丽,色泽鲜艳而丰富,是高档盆花和切花材料。

7. 观叶植物

(1)朱蕉 *Cordyline fruticosa* (L.) A. Chev.

朱蕉别名铁莲草、红叶铁树、红铁树等。龙舌兰科朱蕉属植物,常绿灌木,茎直立,偶有分枝,节明显;叶聚生于茎或枝的上端,披针状椭圆形至长矩圆形,中脉明显,侧脉羽状平行,叶绿色或带紫红色;圆锥花序,花淡红色、青紫色至黄色。朱蕉品种丰富,叶色漂亮,叶形多变,是优良观叶植物和庭园绿化植物。盆栽可作室内观赏,在温暖地区可用于布置庭园。

（2）富贵竹 *Dracaena sanderiana* Mast.

富贵竹别名万寿竹、开运竹、富贵塔等。龙舌兰科龙血树属植物，常绿灌木，株高100～120 cm，植株细长，茎直立，不分枝；叶互生或近对生，叶长披针形，似竹子，叶片浓绿色，薄革质，叶柄鞘状。富贵竹茎叶纤秀，株态玲珑，茎秆可塑性强，人们可根据需求制作弯曲造型盆景，摆放于公司、机关、酒店等场合，观赏价值极高。

（3）绿萝 *Epipremnum aureum* （Linden & André） Bunting

绿萝别名魔鬼藤、黄金葛、黄金藤等。天南星科麒麟叶属植物，多年生常绿藤本，多分枝，茎蔓粗壮，可长达数米，茎节处有气生根，能吸附攀缘；单叶互生，具长柄，叶鞘长，叶片全缘，不等侧的卵形或卵状长圆形，薄革质，翠绿色有光泽，通常有多数不规则的纯黄色斑块。绿萝四季常绿，长枝披垂，既可让其攀附于用棕扎成的圆柱上作柱式盆栽，摆放于室内，也可培养成悬垂状置于书房、窗台、墙面、墙垣，是室内装饰的好材料。

（4）肾蕨 *Nephrolepis condifolia* （L.） C. presl

肾蕨别名圆羊齿、尖叶肾蕨、蜈蚣草等。肾蕨科肾蕨属植物，多年生草本，附生或地生；根状茎有直立主轴及从主轴向四面横走的匍匐茎，主轴及匍匐茎被蓬松的淡棕色长钻形鳞片；叶簇生，一回羽状复叶，小叶条状披针形，常密集而呈覆瓦状排列，叶缘有疏浅的钝锯齿，向基部的羽片渐短，叶坚草质或草质。肾蕨盆栽可点缀书桌、茶几、窗台和阳台，也可用吊盆悬挂于客室和书房。其叶片也可作切花、插瓶的陪衬材料。肾蕨在园林中还可作阴性地被植物或布置在墙角、假山和水池边。

（5）香龙血树 *Dracaena fragrans* （L.） Ker Gawl.

香龙血树别名巴西木、花虎斑木、巴西铁等。天门冬科龙血树属植物，常绿单干小乔木，偶有分枝，茎干直立；叶簇生茎顶，长椭圆状披针形或宽条形，弯曲成弓形，叶缘呈波状起伏，叶尖稍钝，叶鲜绿色，有光泽。香龙血树植株挺拔、秀丽，中小盆栽可点缀书房、客厅和卧室等，大中型植株盆栽可布置于厅堂、会议室、办公室等。

（6）马拉巴栗 *Pachira glabra* Pasq.

马拉巴栗别名光瓜栗、发财树、大果木棉、美国花生等。木棉科瓜栗属植物，主干直立，茎干基部肥大，肉质状；叶互生，具长柄，掌状复叶，小叶 5～9 片，长圆形至倒卵状长圆形，全缘；两性花，花大，单生枝顶叶腋。马拉巴栗株形、叶形优美，叶色翠绿，是重要的观赏树种。盆栽可作家居、酒店、办公楼的各种室内美化绿化布置，温暖地区也可作园景树种植。

（7）棕竹 *Rhapis excelsa* （Thunb.） A. Henry

棕竹别名观音竹、筋头竹、棕榈竹等。棕榈科棕竹属植物，丛生灌木，高 2～3 m，茎干直立，圆柱形、竹状，不分枝，有叶节，包以有褐色网状纤维的叶鞘；叶集生茎顶，掌状深裂，5～10 深裂或更多，裂片线状披针形，叶缘及肋脉上具稍锐利的锯齿，横小脉多而明显；肉穗花序腋生，花小，淡黄色。棕竹丛生挺拔，姿态潇洒，秀丽青翠，似竹非竹，常作盆栽观赏。在南方温暖地区也可作园景树，宜植林荫处或庭荫处。

（8）袖珍椰子 *Chamaedorea elegans* Mart.

袖珍椰子别名矮生椰子、秀丽竹节椰、客厅棕等。棕榈科竹节椰属植物，常绿小灌木，株高 2～3 m，盆栽一般不超过 1 m，茎干直立，不分枝，深绿色，上具不规则花纹；

叶着生于枝干顶,羽状全裂,裂片披针形,互生,深绿色,有光泽;穗状花序腋生,花黄色,呈小球状。袖珍椰子植株小巧玲珑,株形优美,姿态秀雅,耐阴性强,极适宜作室内盆栽观赏,其叶片也可作插花材料。

(9)八角金盘 *Fatsia japonica* (Thunb.) Decne. & Planch.

八角金盘别名手树。五加科八角金盘属植物,常绿灌木或小乔木,茎直立,光滑无刺;叶片大,革质,掌状 7～9 深裂,形状好似伸开的手掌,裂片长椭圆状卵形,边缘有疏离粗锯齿,有时呈金黄色;圆锥花序顶生。八角金盘四季常青,叶形优美,浓绿光亮,耐阴性强,适宜配植于庭院、门旁、窗边、墙隅及建筑物背阴处,也可点缀在溪流滴水之旁,还可成片群植于草坪边缘及林地。另外还可作小盆栽供室内观赏。

(10)鹅掌柴 *Heptapleurum heptaphyllum* (L.) Y. F. Deng

鹅掌柴别名鸭掌木、鸭脚木、鸭母树等。五加科鹅掌柴属植物,常绿乔木或灌木,分枝多,枝条紧密;掌状复叶,叶柄长,小叶 6～9 枚,最多至 11 枚,小叶长卵圆形或椭圆形,革质,深绿色,有光泽;圆锥状花序顶生。鹅掌柴枝条扶疏,叶形优美,是室内大型盆栽观叶植物,适用于酒店大厅、商场、医院、候机厅、候车室、大型会议室等室内环境摆放。在南方温暖地区,也可作地被植物布置在林缘、路旁。

(11)印度榕 *Ficus elastica* Roxb. ex Hornem.

印度榕别名橡皮树、印度橡胶树、橡皮榕等。桑科榕属植物,常绿乔木,茎无毛,具乳汁;单叶互生,叶片大、厚,革质,有光泽,为长圆形或椭圆形,先端钝尾尖,基部圆,全缘,叶面暗绿色或红绿色,背面浅绿色,幼叶初生时内卷,外面包被红色托叶,叶片展开后即脱落,树形丰茂而端庄。印度榕叶片肥厚而绮丽,叶片宽大美观且有光泽,是大型的耐阴观叶植物。盆栽是点缀酒店大堂和家庭居室的好材料,南方常配置于建筑物前、花坛中心和道路两侧等处。

(12)散尾葵 *Dypsis lutescens* (H. Wendl.) Beentje & Dransf.

散尾葵为棕榈科马岛棕属植物,丛生灌木,茎具环状叶痕;叶羽状全裂,平展而稍下弯成拱形,裂片 40～60 对,2 列,黄绿色,表面有蜡质白粉,披针形,长 35～60 cm,先端长尾状渐尖并具不等长的短 2 裂;叶柄及叶轴光滑,黄绿色,上面具沟槽,背面凸圆;叶鞘长而略膨大,初时被蜡质白粉。散尾葵株形优美,四季常青,是布置客厅、餐厅、会议室、家庭居室、书房、卧室或阳台的高档盆栽观叶植物。在热带地区的庭院中,多作观赏树栽种于草地、树荫、宅旁。

(13)变叶木 *Codiaeum variegatum* (L.) Blume

变叶木别名洒金榕。大戟科变叶木属植物,多年生常绿灌木或小乔木,株高0.5～2 m;叶薄革质,叶形、大小、颜色变化极为丰富,叶形有线形、线状披针形、长圆形、椭圆形、披针形、卵形、匙形、提琴形或倒卵形,叶色有绿色、淡绿色、紫红色、紫红与黄色相间、黄色与绿色相间等,常具有黄色、金黄色斑点或斑纹;总状花序腋生,雌雄同株异序,雄花白色。变叶木具有奇特的形态、绚丽斑斓的色彩,其盆栽是布置客厅、会场的理想装饰植物,在南方也可用于庭园布置。其叶片也是良好的插花材料。

(14)龟背竹 *Monstera deliciosa* Liebm.

龟背竹别名蓬莱蕉、铁丝兰、穿孔喜林芋等。天南星科龟背竹属植物,茎粗壮,节明显,具气生根;叶片大,轮廓心状卵形,厚革质,表面发亮,淡绿色,背面绿白色,边缘羽状分裂,叶脉间有椭圆形的穿孔,孔裂纹如龟背图案,幼时叶片无裂口,呈心形;肉穗花序近圆柱形,花单性,淡黄色。龟背竹叶形奇特,常年碧绿有光泽,极为耐阴,其盆栽是布置客厅、书房、酒店、会议室等的理想材料,在南方温暖地区还可栽植于花园的水池边或大树下,颇具热带风光。其叶片还能作插花材料。

(15)黛粉芋 *Dieffenbachia seguine* (Jacq.) Schott

黛粉芋别名黛粉叶、花叶万年青、翠玉万年青等。天南星科花叶万年青属植物,常绿多年生草本,茎绿色,株高1~1.5 m;单叶互生,叶片长圆形、长圆状椭圆形或长圆状披针形,先端稍狭具锐尖头,两面暗绿色,有光泽,有多数不规则的、白色或黄绿色的斑点或斑块,叶柄鞘状抱茎;肉穗花序圆柱形,直立,隐藏于叶丛中;佛焰苞长圆状披针形,绿色或白绿色。黛粉芋品种繁多,叶色优美,耐阴性强,观赏价值高,适合作盆栽观赏,用于点缀客厅、书房等。

8. 多浆植物

(1)钝齿蟹爪兰 *Schlumbergera russelliana* (Hook.) Britton et Rose

钝齿蟹爪兰别名仙人指、仙人枝、圣烛节等。仙人掌科仙人指属植物,多年生常绿肉质草本,植株高25~35 cm;多分枝,向外铺散下垂;茎节扁平,叶状,体色绿至灰绿;茎节边缘呈浅波状,形如长指甲;花生于变态茎枝顶,花色有紫红、橘红、粉红等。钝齿蟹爪兰株型优美,且花色艳丽,花期较长,是观赏价值较高的花卉,常作盆栽摆放在室内或悬挂于廊檐、窗前。

(2)落地生根 *Bryophyllum pinnatum* (L. f.) Oken

落地生根别名不死鸟、灯笼花、叶爆芽等。景天科落地生根属植物,多年生草本;茎直立,粗壮,全株蓝绿色,披蜡粉,基部半木质化;羽状复叶,肉质,小叶长圆形至椭圆形,先端钝,边缘有圆齿,圆齿底部容易生芽,芽长大后落地即成一新植株;圆锥花序顶生,花下垂,花萼圆柱形,花冠高脚碟形。落地生根叶片肥厚,边缘的不定芽形似一群小蝴蝶,颇有奇趣,常用于盆栽观赏。除观赏价值外,其还具有极高的药用价值。

(3)长寿花 *Kalanchoe blossfeldiana* Poelln.

长寿花别名圣诞长寿花、矮生伽蓝菜、寿星花等。景天科伽蓝菜属植物,多年生肉质草本,全株光滑无毛,株高10~30 cm;叶对生,厚肉质,长圆状匙形或椭圆形,叶片上部叶缘具波状钝齿,下部全缘,亮绿色,有光泽;圆锥状聚伞花序直立,小花高脚碟状,花色有绯红、桃红、橙红、黄、橙黄和白等,花期12月至翌年4月底。植株小巧玲珑,株型紧凑,叶片翠绿,花朵密集,不仅观花还可赏叶,是理想的室内盆栽花卉。花期正逢圣诞、元旦和春节,可布置于窗台、书桌、案头,还可用于公共场所的花坛、橱窗和大厅等布置。

(4)昙花 *Epiphyllum oxypetalum* (DC.) Haw.

昙花别名琼花、月下美人、鬼仔花、韦陀花等。仙人掌科昙花属植物,附生肉质灌木;老茎圆柱状,木质化,分枝多;叶(实为变态枝)大,肉质,披针形至长圆状披针形,边缘波状或具深圆齿,深绿色;花生于叶状枝的边缘,无梗,花大,花萼筒状、红色,花重瓣,花瓣披针形、白色,花期7—8月,夜间开放,芳香。昙花为著名的观赏花卉,常作盆栽观赏。

(5)虎尾兰 *Sansevieria trifasciata* Prain

虎尾兰别名虎皮兰、千岁兰、虎尾掌等。天门冬科虎尾兰属植物,多年生肉质草本,具匍匐根状茎;叶从地下茎顶芽抽生而出,丛生,直立,肉厚革质,扁平,基部稍抱呈筒状,叶形因品种不同变异较大,常见的为条状披针形,有浅绿色和深绿色相间的横带斑纹;总状花序顶生,花白色或淡绿色。虎尾兰品种较多,株形和叶色变化较大,对环境的适应能力强,适合布置装饰书房、客厅、办公场所等,为常见的室内盆栽观叶植物。

(6)蟹爪兰 *Schlumbergera truncata* (Haw.) Moran

蟹爪兰别名圣诞仙人掌、蟹爪莲、锦上添花等。仙人掌科仙人指属植物,肉质灌木植物,无叶;茎无刺,老茎木质化,稍圆柱形;茎多分枝,常悬垂,扁平形,节间短,节部明显,节间矩圆形至倒卵形,边缘有少数粗钝齿,鲜绿色,顶端截形;花单生于枝顶,花萼基部短筒状,顶端分裂,花冠数轮,呈塔状叠生,花色有桃红、深红、白、橙、黄等,花期11月至翌年1月。蟹爪兰开花正逢圣诞节、元旦节,株型垂挂,适合于窗台、门庭入口处和展览大厅装饰,已成为冬季室内的主要盆花之一。

(7)虎刺梅 *Euphorbia milii* var. *Splendens* (Bojer ex Hook.) Ursch et Leandri

虎刺梅别名铁海棠、麒麟刺、麒麟花等。大戟科大戟属植物,茎多分枝,肉质,株高60～100 cm,具纵棱,密生硬而尖的锥状刺;叶互生,集中于嫩枝上,倒卵形或长圆状匙形,全缘,无柄或近无柄;聚伞形花序具长柄,生于枝上部叶腋,每朵花有2枚红色苞片,肾圆形,花期全年。虎刺梅叶片光亮,花期长,是常见的室内盆栽观花植物,适合室内盆栽,也可片植、列植、丛植于公园、庭院等绿地。

(8)龙舌兰 *Agave americana* L.

龙舌兰别名龙舌掌、番麻等。天门冬科龙舌兰属植物,多年生常绿草本植物,茎不明显;叶基生,莲座式排列,肉质,倒披针状线形,灰绿色,表面有较厚蜡质,叶缘疏生刺状小齿,顶端有硬尖刺;大型圆锥花序自叶丛中抽出,多花,黄绿色,花期5—6月。龙舌兰叶片坚挺美观、四季常青,常用于盆栽或花槽观赏,也适用于布置小庭院和厅堂。

(9)绿玉树 *Euphorbia tirucalli* L.

绿玉树别名神仙棒、牛奶树、光棍树等。大戟科大戟属植物,肉质木本植物,老时呈灰色或淡灰色,幼时绿色,上部平展或分枝,小枝肉质,具丰富乳汁;叶互生,长圆状线形;花序密集于枝顶,基部具柄,总苞陀螺状,盾状卵形或近圆形,花果期7—10月。绿玉树晶莹碧绿,枝干向上,叶片退化,如碧绿珊瑚树,可作为行道树或温室栽培观赏。

(10)生石花 *Lithops pseudotrucatella* subsp. *archerae* (H.W.de Boer) D.T.Cole

生石花别名元宝、象蹄、屁股花等。番杏科生石花属植物,多年生肉质草本植物,根状茎极短,植株卵圆形,酷似卵石;叶对生,肥厚密接,呈倒圆锥体,叶色白、浅灰、棕、红、蓝灰、黄、灰绿、紫红等,叶楔形、半圆形、椭圆形或肾形,对称或不对称;花单生,雏菊状,黄或白色,花期盛夏至中秋。生石花形态别致,株型小巧,高度肉质,品种繁多,色彩丰富,常用来作盆栽供室内观赏。

四、作业与思考

对校园、公园所见的露地花卉以及校园周边花卉生产基地中的温室花卉进行正确的分类,可以查阅相关资料了解其形态特征、生态习性及主要用途,并填写记录表(表 2-1)。具体要求:①露地、温室花卉种类各不少于 30 种,尽量包含各种不同种类花卉,如一、二年生,宿根,木本等;②形态描述时只要求描述其主要识别特征。

表 2-1　花卉植物识别记录

花卉名称	拉丁学名	科属	类别	形态特征	生态习性	观赏用途

实践3　常见蔬菜种子分类与识别

 目的及要求

种子是农业生产的重要材料。蔬菜种子种类多,不同种类蔬菜种子形态、结构均有差异,这种差异会导致播种、使用等方面的不同,因此识别和区分不同种类蔬菜种子很重要。通过实践了解蔬菜种子的类别,学会根据种子的外部形态和内部结构识别各种蔬菜种子,并掌握主要蔬菜种子的识别方法。

 材料与工具

(一)材料

①各种蔬菜的干种子:十字花科(萝卜、大白菜、油菜等)、伞形科(胡萝卜芹菜、芫荽、茴香等)、茄科(番茄、茄子、辣椒等)、葫芦科(黄瓜、西葫芦、南瓜、冬瓜、丝瓜、苦瓜等)、豆科(菜豆、豇豆、豌豆等)、百合科(韭菜、大葱等)、菊科(生菜、莴笋、茼蒿等)、藜科(菠菜等)等各类蔬菜种子。

②吸胀的蔬菜种子:菜豆、南瓜、黄瓜、番茄、韭菜、菠菜等吸胀的种子。

(二)工具

放大镜、游标卡尺、镊子、解剖针、滤纸、培养皿等。

 实践方法与步骤

(一)种子的概念及类别

生产上对"种子"的定义与植物学上不同。植物学上的"种子"是指由胚珠经过受精后发育而成的,包括胚、胚乳(子叶)及种皮。而生产上所指的"种子"则泛指所有繁殖材料,主要包括以下几类。

1. 真正的种子

植物在有性世代中,由受精后的胚珠发育形成。多数蔬菜植物是用真正的种子繁殖。常见的有:

葫芦科蔬菜:黄瓜、苦瓜、南瓜、丝瓜、冬瓜等。

茄科蔬菜:茄子、西红柿、辣椒等。

十字花科蔬菜:白菜、萝卜、芥菜、甘蓝、油菜等。

豆科蔬菜:豇豆、菜豆、豌豆、蚕豆等。

百合科蔬菜:韭菜、葱等。

2. 果实

果实由胚珠和子房,以及花萼部分发育而成,属植物学上的果实。其外部形态与真正的种子不易区别。常见的有:

菊科蔬菜:茼蒿、油麦菜、莴苣等。

伞形科蔬菜:芫荽、胡萝卜、芹菜等。

藜科蔬菜:菠菜、甜菜等。

3. 营养器官

此类蔬菜既可用种子或果实作为播种材料,又可用营养器官繁殖后代,甚至可以只用营养器官作为繁殖材料。常见的有:

鳞茎:大蒜、百合等。

地下块茎:马铃薯、菊芋等。

地下根茎:莲藕、生姜等。

地下球茎:芋头、荸荠等。

地下块根:甘薯、山药等。

4. 真菌的菌丝组织

该类种子俗称菌种,如蘑菇、香菇、草菇、木耳、茶树菇等。

(二)蔬菜种子的形态与结构

1. 种子的外部形态

种子的外部形态主要是指种子的外形、大小、色泽及表面特有的特征等。蔬菜种子的外部形态随蔬菜种类及品质的不同有较大差别,它是鉴别蔬菜种类和判断种子品质、新陈种子的重要依据。识别各类蔬菜种子时常根据以下几个方面进行。

(1)形状

种子的形状指种子的外部轮廓。种子的形状多种多样,千姿百态,有圆球形、扁圆形、椭球形、卵形、棱柱形、盾形、心脏形、肾形、披针形、纺锤形以及不规则形等。

(2)大小

种子大小的表示方法:千粒重(最常用),1 g种子粒数,种子的长、宽、厚。蔬菜种子大小差别很大,一般可分为5级,具体如下。

①大粒种子:平均每克种子在10粒或10粒以下,如菜豆、豇豆、刀豆、蚕豆、南瓜、苦瓜、丝瓜等。

②较大粒种子:平均每克种子在11~150粒之间,如青皮冬瓜、节瓜、黄瓜、蕹菜、芫荽等。

③中粒种子:平均每克种子在151~400粒之间,如白菜、花椰菜、韭菜、球茎甘蓝、韭菜、辣椒、甘蓝等。

④较小粒种子:平均每克种子在401~1000粒之间,如胡萝卜、莴苣、樱桃番茄等。

⑤小粒种子:平均每克种子在1000粒以上,如芥菜、苋菜、芹菜等。

（3）色泽

种子的色泽指种皮或果皮呈现的颜色、色泽、斑纹等，有褐、红、黄、黑、白、绿、棕、杂色等颜色，或有斑纹，光泽有或无。

（4）表面特征

种子的表面特征主要指种子表面是否光滑，是否有瘤状突起、凹凸不平，是否有棱、皱纹、网纹及其他附属物（如茸毛、刺毛、蜡层）等，以及种喙、种脐等，如豆类种子外面有明显的脐条、发芽孔及合点等。

（5）气味

种子的气味主要指种子有无芳香或其他特殊气味（如伞形科蔬菜种子）等。

2. 常见蔬菜种子的主要形态特征

（1）十字花科

十字花科蔬菜种子系弯生胚珠发育而成。其形状可自扁球形、球形至椭圆形不等，色泽有褐色、红褐、深紫至黑色，种皮有网纹结构，无胚乳，胚为镰刀状，子叶呈肾形，每片子叶褶叠，分列于胚芽两侧。

十字花科蔬菜包括芸薹属和萝卜属，芸薹属蔬菜主要包括甘蓝、结球白菜、油菜、叶用芥菜、花椰菜等，芸薹属蔬菜种子大小为中等或较小，它们形状相似，主要差别见表 3-1。

表 3-1　芸薹属蔬菜种子形态特征比较

种类	种子形状	种子大小/mm			种皮颜色	种皮网纹
		长	宽	厚		
叶用芥菜	圆形或椭圆形	1.3～1.4	1.1～1.2	0.92～1.60	灰褐色	网眼大而且深
油菜	近球形	1.7～1.9	1.5～1.7	1.3～1.4	铁灰色	网眼小而浅
结球白菜	近球形或扁球形	1.7～1.9	1.5～1.7	1.3～1.4	暗红褐色或黑褐色	网眼浅网线模糊
花椰菜	近球形	1.3～1.4	1.6～1.9	1.5～1.7	紫褐或灰褐色	模糊
甘蓝	近球形	2.0～2.3	1.9～2.1	1.4～1.6	棕褐至黑褐色	模糊
球茎甘蓝	近球形或扁球形	2.1～2.3	2.0～2.2	1.6～2.2	红褐至黑褐色	细网纹

萝卜属蔬菜种子较大，形状圆而略扁，呈心脏形或卵形，有棱角；种皮颜色一般有红褐和黄褐两种，种脐明显有沟。

鉴别十字花科蔬菜种子的主要依据是种子的形状、大小、色泽等，具体可参考本实践附录——蔬菜种子检索表。

（2）伞形科

伞形科蔬菜种子均为果实，形状多为椭圆球体状，属双悬果，由两个单果组成，每一单果内有一粒种子。果实背面有肋状突起，称果棱，棱上有刺毛或无刺毛，棱下有油腺，能分泌各种不同的芳香油，因此伞形科种子均具有特殊香味。果皮有黑褐色、褐色、黄褐色、灰色、灰褐色等。

伞形科蔬菜主要有芫荽、胡萝卜、芹菜、茴香等。鉴别伞形科蔬菜种子的主要依据是果实为双悬果,不同种类之间果棱数目、油腺数目、香味、成熟后是否容易分离等,具体可参考蔬菜种子检索表。

(3)茄科

茄科蔬菜种子系弯生胚珠发育而成。种子扁平,形状为圆形、卵形、肾形等,种皮色泽有黄褐色、红褐色、黄色等,种皮光滑或被绒毛。茄科蔬菜主要包括番茄、茄子、辣椒、马铃薯等。鉴别茄科蔬菜种子的主要依据是种子的形状、色泽、种皮特征、有无绒毛及种子大小等,具体可参考蔬菜种子检索表。

(4)葫芦科

葫芦科蔬菜种子系倒生胚珠发育而成。葫芦科蔬菜种子大,属大粒或较大粒种子。种子扁平,其形状有纺锤形、卵圆形、椭圆形、广椭圆形等;种皮颜色有纯白、淡黄、红褐、茶褐、黑色等,有的具有杂色斑纹;发芽孔与脐相邻合点在脐的相对方向,有明显的种喙,喙平或倾斜;种子边缘有种翼或无种翼。

葫芦科蔬菜主要包括黄瓜、节瓜、南瓜、冬瓜、西葫芦、葫芦、丝瓜、苦瓜、佛手瓜等,鉴别葫芦科蔬菜种子的主要依据是种子形状、大小、颜色、种皮特征、种喙形状、种瘤形状、有无种翼等,具体可参考蔬菜种子检索表。

(5)菊科

菊科蔬菜种子属于下位瘦果,由二心皮的子房及花托形成,每一瘦果含一粒种子,种皮薄,易与果皮分离。果皮坚韧,多数果实扁平,形状有梯形、纺锤形、披针形等;果实表面有纵行果棱若干条,果棱间有或无斑纹,基部有明显果脐。

菊科蔬菜有莴苣、苦苣、茼蒿、牛蒡等,鉴别菊科蔬菜种子的主要依据是果实形状、果棱数目、果面有无斑纹,以及果脐大小、形状等,具体可参考蔬菜种子检索表。

(6)百合科

百合科蔬菜种子系由倒生胚珠发育而成。种子为球形、盾形或三角锥形,种皮平滑或有皱纹,种皮颜色为黑色。

百合科蔬菜主要包括洋葱、大葱、韭菜、石刁柏和韭葱等,鉴别百合科蔬菜种子的主要依据是种子形状、种皮色泽、种皮平滑或皱缩、脐或发芽孔的位置等,具体可参考蔬菜种子检索表。

(7)豆科

豆科蔬菜种子系由倒生胚珠发育而成。豆科蔬菜种子大,属于大粒种子,种子形状有球形、卵形、肾形、椭球形及短柱形等。种皮坚韧,光滑或皱缩,种皮颜色因品种而异,有纯白、乳黄、淡红、紫红、浅绿、深绿、墨绿、黑色等,有的为单色,有的为杂色具斑纹。

豆科蔬菜种类丰富,主要有蚕豆、豌豆、菜豆、扁豆、长豇豆等,鉴别豆科蔬菜种子的主要依据是种子形状、大小、色泽,以及种皮表面有无疣瘤和花纹等,具体可参考蔬菜种子检索表。

(8)藜科

藜科蔬菜是以果实为播种种子,藜科蔬菜主要包括菠菜和甜菜。菠菜为单果,甜菜为聚合果(一般由三个果实结合成球状)。藜科蔬菜果实较大,每一果实内含有一粒种子,果实形状为球形、菱形、多角形等,果皮坚硬,花萼宿存或部分果皮细胞突起,成为刺棱。鉴别藜科蔬菜种子的主要依据是果实种类、形状、宿存萼片、果刺等,具体可参考蔬菜种子检索表。

3. 种子的内部结构

种子的内部结构包括种皮、胚和胚乳,有些种子无胚乳。

(1)种皮

种皮为种子的最外层结构,也是种子的外部保护结构。由胚珠发育而来的种子,其种皮由珠被形成。属于果实的种子,所谓的种皮是由子房壁形成的果皮。种皮一方面可以保护种子的内部结构,另一方面限制种子内部对氧气、水分的吸收,从而对种子的休眠和萌发都有非常重要的影响。

有些种(果)皮厚的种子,如茄子、甜椒、冬瓜、南瓜等,为促进其吸水萌发,栽培育苗前要"浸种催芽"。有些种(果)皮厚而坚硬(如菠菜)或为双悬果(如芫荽、胡萝卜等)的种子,在播种前要进行物理处理(如手工搓伤或机械研磨),使种(果)皮破损或使其分裂为单粒(种子),方可浸种催芽或直接播种,只有这样才有利于种子吸水萌发,发芽整齐一致。

(2)胚

胚是种子的核心构成部分,绝大多数蔬菜植物是被子植物,它们的胚是由受精卵发育而成,是植物新个体的雏体。胚有胚根、胚轴、胚芽和子叶组成。胚的形态一般有5种:

①直立形胚:胚根、胚轴、胚芽和子叶与种子的纵轴平行,如菊科、葫芦科蔬菜种子。

②弯曲形胚:胚根、胚芽弯曲呈钩状,如豆科蔬菜种子。

③环形胚:胚细长,沿种皮内层绕一周呈环状,如藜科和苋科蔬菜种子。

④折叠形胚:子叶发达,折叠成数层,充满种子内部,如十字花科蔬菜种子。

⑤螺旋形胚:子叶和胚根呈螺旋状盘旋,如茄科蔬菜种子。

(3)胚乳

胚乳是种子贮藏营养的主要场所。被子植物的胚乳是在双受精过程中,由精子与胚囊中的极核融合并发育而成。绝大多数蔬菜植物种子都有胚乳形成,有的种子成熟时胚乳形成更加充分,在胚的外围的白色粉状物即为胚乳,这些种子都称为有胚乳种子,如藜科、茄科、伞形科、百合科等蔬菜种子。而有的蔬菜种子发育时,胚乳已基本耗尽,种子的养分贮藏于胚组织内,以子叶内最多,这类种子称无胚乳种子,如十字花科、葫芦科、豆科、菊科等蔬菜种子。

(三)具体操作

①将本实践项目所提供的各种蔬菜种子分别放置于白纸上,先区分哪些是真正的种子,哪些是果实,然后再依据不同科属蔬菜种子的主要形态特征,用肉眼或借助放大镜进行仔细观察。

②取菜豆、番茄、黄瓜、南瓜、菠菜、白菜等吸胀的种子,用刀片纵向切开,在放大镜或解剖镜下用解剖针拨动、观测,认识区分不同种子的内部结构。

四、作业与思考

①根据种子的形态学区别,参考主要蔬菜种子的主要形态特征,按照科、种识别本次实践所规定的各种休眠的蔬菜种子,并填写记录表(表 3-2)。

表 3-2 蔬菜种子形态特征记录

科名	种名	形状	大小	色泽	表面特征	种子或果实	有无胚乳	气味

②从外部形态看,哪些种子最难区分?试区分洋葱、韭菜和大葱种子,黄瓜和甜瓜种子,甘蓝和白菜种子,并说说它们的异同点。

附录 蔬菜种子检索表

(引自吴志行,1981 年,部分拉丁学名有改动)

十字花科(Brassicaceae)蔬菜种子检索表

A. 种子有棱角,呈卵形或心脏形 ················· (*Raphanus sativus*)萝卜

AA. 种子无棱角,呈圆球形,或长椭圆形

　B. 种子呈圆球形,种皮色深

　　C. 种子紫褐色至铁灰色,种脐圆 ················· (*Brassica oleracea*)甘蓝

　CC. 种皮色较浅,种脐卵形或椭圆形

　　D. 种皮色最浅,呈红褐色,种脐卵形 ················· (*Brassica juncea*)芥菜

　　DD. 种皮色较浅,呈紫褐色,种脐椭圆形

　　　E. 种子中等偏大,平均千粒重在 3.25 g 左右,色稍深

　　　　················· (*Brassica rapa* var. *glabra*)大白菜

　　　EE. 种子中等偏大,平均千粒重在 2.65 g 左右,色稍浅

　　　　················· (*Brassica rapa* var. *chinensis*)小白菜

　BB. 种子呈半球形或长椭圆形,种皮色浅

　　C. 种子呈半球形,种皮红棕色 ················· (*Nasturtium officinale*)豆瓣菜

　　CC. 种子长椭圆形,种皮黄棕色 ················· (*Capsella bursa-pastoris*)荠菜

伞形科(Apiaceae)蔬菜种子检索表

A. 果实较大,成熟时双悬果不易分离

　B. 果实半球形,棕色,有果棱 20 多条 ················· (*Coriandrum sativum*)芫荽

　BB. 果实椭圆形,扁平,灰色,有果棱 5 条 ················· (*Pastinaca sativa*)欧防风

AA. 果实较小,成熟时易分离

  B. 果实半卵形(2个果实合成卵形),褐色或黄褐色,果棱9条,棱上有多数刺毛

    ·· (*Daucus carota* var. *sativus*)胡萝卜

AA. 果实半椭球体(2个果实合成椭球体),灰褐色或黑褐色,棱上无刺毛

  C. 果实较大,半长卵形(2个果实合成长卵形),黄褐色,果棱13条

    ··· (*Foeniculum vulgare*)小茴香

  CC. 果实细小,半椭球形(2个果实合成椭球形),黑褐色,果棱9条

    ··· (*Apium graveolens*)芹菜

茄科(Solanaceae)蔬菜种子检索表

A. 种皮披有白色绒毛 ····································· (*Solanum lycopersicum*)番茄

AA. 种皮无绒毛

  B. 种子扁平,较大,略呈方形,种皮粗糙,具网纹,周围略高,呈浅黄色

    ·· (*Capsicum annuum*)辣椒

  BB. 种子饱满较小,种皮光滑,中央隆起,呈黄褐色

    C. 种子近圆形 ································· (*Solanum melongena*)茄子

    CC. 种子呈芝麻形 ····························· (*Solanum tuberosum*)马铃薯

葫芦科(Cucurbitaceae)蔬菜种子检索表

A. 每果仅一粒种子,种子与果肉相连,播种时连果实一起播下

  ·· (*Sechium edule*)佛手瓜

AA. 每果有多数种子,种子与果肉分离,播种时仅用种子播种

  B. 种子尾部有刚毛

    C. 种子尾部刚毛稠密 ·························· (*Cucumis sativus*)黄瓜

    CC. 种子尾部刚毛稀疏 ·························· (*Cucumis melo*)甜瓜

  BB. 种子尾部无刚毛

    C. 种皮质地疏松呈海绵状

      D. 种子扁平,呈卵形,一头尖,一头圆

        E. 种子边缘有棱状突起,脐的两侧有种瘤

          F. 种子小,千粒重在30.78 g左右

          ·············· (*Benincasa hispida* var. *chieh-qua*)节瓜

          FF. 种子大,千粒重在44.50 g左右 ······ (*Benincasa hispida*)粉皮冬瓜

        EE. 种子边缘无棱状突起,脐的两侧种瘤不明显

          ······································· (*Benincasa hispida*)青皮冬瓜

      DD. 种子扁平,呈草履形,一头尖,一头平 ········· (*Lagenaria siceraria*)葫芦

    CC. 种皮质地致密

      D. 种子较厚,呈六角形,有浅黄色花纹,状似龟背

      ·································· (*Momordica charantia*)苦瓜

      DD. 种子较薄,呈卵形

E. 脐的两侧无种瘤

    F. 种子边缘金黄色，线条明显 ·········（*Cucurbita moschata*）中国南瓜

    FF. 种子边缘金黄色，线条不明显

        G. 种子宽大近圆形，种皮皱纹多，喙大而呈倾斜状

        ············（*Cucurbita maxima*）印度南瓜

        GG. 种子瘦小，长卵形，种皮光滑，喙小而平直

        ···············（*Cucurbita pepo*）美洲南瓜

EE. 脐的两侧有种瘤

    F. 有椭圆形种瘤 ···············（*Citrullus lanatus*）西瓜

    FF. 有眉状或钳状种瘤

        G. 有眉状种瘤，四周有种翼 ········（*Luffa aegyptiaca*）丝瓜

        GG. 有钳状种瘤，四周无种翼 ·········（*Luffa acutangula*）棱角丝瓜

菊科(Asteraceae)蔬菜种子检索表

A. 果实四周有纵行果棱14条，果实顶端有环状冠毛一束 ······（*Cichorium endivia*）苦苣

AA. 果实每面有纵行果棱10条，或10条以下，果项冠毛脱落

  B. 果实每面有纵行果棱10条，果棱间有斑纹···········（*Arctium lappa*）牛蒡

  BB. 果实每面有纵行果棱9条，果棱间无斑纹

    C. 果实扁平，呈披针形 ···············（*Lactuca sativa*）莴苣

    CC. 果实较厚，呈梯形···············（*Glebionis coronaria*）茼蒿

百合科(Liliaceae)蔬菜种子检索表

A. 种子较大，种面较平滑，通过直径作1/3～1/6等分状，饱满种子略呈球形

  ···（*Asparagus officinalis*）石刁柏

AA. 种子较小，种面较皱，呈盾形或三角形

  B. 种子扁平，呈盾形，腹背不明显，脐突出，种面皱纹细而密

    ···································（*Allium tuberosum*）韭菜

  BB. 种子略呈三角锥形，背部突出，有棱角，脐凹陷，腹部略呈圆形

    C. 腹部与脐相对方向有局部突出 ·········（*Allium porrum*）韭葱

    CC. 腹部与脐相对方向无局部突出

      D. 脐部凹陷浅，背部皱纹少且整齐 ·········（*Allium fistulosum*）大葱

      DD. 脐部凹陷深，背部皱纹多，且不规则 ·········（*Allium cepa*）洋葱

豆科(Fabaceae)蔬菜种子检索表

A. 种皮上有自脐部发出的放射状花纹

  B. 种子扁平，或半肾脏形，种子小 ·········（*Phaseolus lunatus*）小莱豆

  BB. 种子扁平，肾脏形，种子大 ·········（*Phaseolus limensis*）大莱豆(利马豆)

AA. 种皮上没有发自脐部的放射状花纹

  B. 脐呈楔形(三角形) ··········（*Vigna unguiculata* subsp. *sesquipedalis*）长豇豆

BB. 脐呈椭圆形

    C. 种子呈球形,脐凸出于种皮之上 ························（*Pisum sativum*）豌豆

    CC. 种子呈椭球形

        D. 脐凹入种皮,发芽孔边有一对种瘤 ·······（*Phaseolus vulgaris*）菜豆

        DD. 脐与种皮平,发芽孔边无种瘤 ·············（*Glycine max*）大豆

BBB. 脐呈线状

    C. 脐白色,突出于种皮之上,其长度占种子圆周 1/3 左右

        ·································（*Lablab purpureus*）扁豆

    CC. 脐黑色,与种皮平,其长度不足种子圆周的 1/3

        D. 种子扁平,椭圆形,微有凹凸,通常脐冠脱落 ·······（*Vicia faba*）蚕豆

        DD. 种子较厚,椭圆形或肾脏形,脐的周围有膜状脐冠

            E. 种皮红色,籽粒较大 ·······（*Canavalia gladiata*）刀豆

            EE. 种皮白色,籽粒较小 ·······（*Canavalia ensiformis*）直生刀豆

藜科（Chenopodiaceae）蔬菜种子检索表

A. 果实为单果,呈球形或菱形,萼片脱落

    B. 果实为球形,果实表面无刺 ·········（*Spinacia oleracea* var. *inermis*）圆籽菠菜

    BB. 果实为菱角状或多角形,果实表面有刺

        ·································（*Spinacia oleracea* var. *spinosa*）刺子菠菜

AA. 果实为聚花果,呈多角形,萼片宿存

    B. 每一聚花果有 3～4 个单果,萼片长而展开,种子较大

        ·································（*Beta vulgaris* var. *rapacea*）根用甜菜

    BB. 每一聚花果有 1～2 个单果,萼片短而环抱,种子较小

        ·································（*Beta vulgaris* var. *cicla*）叶用甜菜

实践 4　常见花卉种子分类与识别

一、目的及要求

通过对常见花卉种子外部形态观察与识别,掌握一些常见花卉种子的外部形态特征,识别不同种类(或不同品种)的种子。

二、材料与工具

(一)材料

常见花卉种子:凤仙花、三色堇、半支莲、千日红、金盏菊、美女樱、万寿菊、瓜叶菊、醉蝶花、波斯菊、大丽花、鸡冠花、一串红、洋桔梗、矮牵牛、紫罗兰、羽扇豆、紫茉莉、金鱼草、藿香蓟、百日草、矢车菊、石竹、角堇、长春花、虞美人、松果菊、向日葵、孔雀草、福禄考等花卉种子。

(二)工具

天平、卡尺、直尺、镊子、盛物盒、白纸、放大镜等。

三、实践方法与步骤

花卉种类繁多,在园艺生产和习惯上,常把具有单粒种子而不开裂的瘦果、蒴果、颖果、小坚果等干果都称为种子。因此花卉种子的外部形态也是多种多样,主要按以下几方面进行分类识别。

(一)种子大小识别

①种子按粒径大小(以长轴为准)分为四类。

大粒种子:粒径≥5.0 mm,如牵牛花、牡丹、紫茉莉、金盏菊等。

中粒种子:粒径在 2.0~4.9 mm 之间,如紫罗兰、矢车菊、凤仙花、一串红等。

小粒种子:粒径在 1.0~1.9 mm 之间,如三色堇、鸡冠花、半支莲、报春花等。

微粒种子:粒径在 0.9 mm 及以下,如四季秋海棠、金鱼草、矮牵牛等。

②种子千粒重表示,可任选集中数量较多的花卉种子进行千粒重称量,以此确定种子大小。

③种子含粒数表示,用一克种子或百克种子所含粒数,来确定种子大小。

（二）种子形状识别

种子形状有球形（如凤仙花、紫茉莉）、卵形（如金鱼草）、椭圆形（如四季秋海棠、一串红）、肾形（如鸡冠花），还有扁平状、线形、披针形、镰刀形等多种形状，可根据材料情况详细确定。

（三）种子色泽识别

色泽即颜色与光泽。常见花卉种子有黑色（如鸡冠花、紫茉莉）、褐色（如四季报春、三色堇）、灰色（如凤仙花、美女樱、半枝莲）、淡黄色（如君子兰）等。有的种子表面光滑发亮，如鸡冠花种子黑亮；也有的种皮暗淡或粗糙，如醉蝶花种子暗淡无光泽。

（四）种子附属物识别

种子附属物指种子表面的茸毛、瘤（突起）、钩、刺、翅、沟槽等，这些附属物通常与种子营养及萌发条件关系不大，但有利于种子传播。附属物有毛的，如天人菊、麦秆菊、矢车菊等；附属物有翅的，如百日草；附属物有钩刺的，如金盏菊。

（五）种子种皮厚度及坚硬度识别

种子种皮厚度及坚硬度与萌发条件有关，有些种子种皮厚、坚硬，如荷花、蜡梅、美人蕉、黄花夹竹桃、仙客来等，为促使种子萌发可采用浸种、刻伤种皮或用锉刀磨破部分种皮等处理方法。

四、作业与思考

①认真观察各种花卉种子外部形态，并根据实际大小绘图，要求表现出种子的形态特征。

②识别花卉种子大小、形状、颜色、附属物等形态特征，填写记录表（表4-1）。

表4-1　常见花卉种子形态特征

花卉种类	测定项目					
	粒径	千粒重	形状	色泽	附属物	其他特征
凤仙花						
三色堇						
半支莲						
千日红						
金盏菊						
福禄考						
孔雀草						
向日葵						

花卉种类	测定项目					
	粒径	千粒重	形状	色泽	附属物	其他特征
松果菊						
虞美人						
角堇						
长春花						
石竹						
矢车菊						
百日草						
藿香蓟						
金鱼草						
紫茉莉						
羽扇豆						
紫罗兰						
矮牵牛						
洋桔梗						
一串红						
鸡冠花						
大丽花						
波斯菊						
醉蝶花						
瓜叶菊						
万寿菊						
美女樱						

第二章
蔬 菜 生 产

实践 5 蔬菜种子质量鉴定

 一、目的及要求

蔬菜种子质量的好坏,直接影响蔬菜的产量和品质,因此在蔬菜栽培播种前对其进行质量鉴定是非常有必要的。通过实践了解种子质量鉴定指标,学会初步评价种子质量,掌握蔬菜种子质量鉴定的基本方法。

二、材料与工具

(一)材料

黄瓜、菜豆、番茄、辣椒、白菜等新、陈种子。

(二)工具

天平、培养皿、滤纸、镊子、酒精、烧杯、人工气候箱等。

三、实践方法与步骤

(一)种子的新、陈鉴别

蔬菜种子的新、陈,直接与产量效益相关联。种子较新,生活力亦较强,使用价值也较高;种子越陈,生活力越弱,使用价值越低。陈种播种,容易造成幼苗畸形、发育异常、植株矮化、生育期缩短、抗病性减弱,以及产量下降等。因此蔬菜栽培一般宜采用新种。蔬菜新、陈种的鉴别一般采用感官法进行,即用眼看、手压、齿咬、鼻嗅、口尝来检验。不同种类蔬菜种子新、陈特征不同,具体见表5-1。

表 5-1　常见蔬菜新、陈种子特征比较

蔬菜种子	新种	陈种
白菜、萝卜等十字花科种子	种皮光滑、有光泽,有清香气味,重压呈饼状,油脂多,种皮脱落,子叶浅黄色或黄绿色	种皮暗而无光,常附有一层"白霜",鼻嗅有油蛤味,手压易碎,种皮易脱,油脂少,子叶呈黄色或深黄色
豇豆、菜豆等豆科种子	种皮色泽光亮,脐白色,子叶黄白色或绿白色,子叶与种皮紧密相连,从高处落地声音实	种皮色泽发暗,色变深,不光滑,脐发黄,子叶深黄色或土黄色,有的有斑纹,无清香味。子叶与种皮脱离,从高处落地声音发空
葱、韭菜等葱类蔬菜种子	表皮深黑色,色泽新亮,胚乳白色,有香味	表皮黑色发暗或灰紫暗淡,有时附有"白霜",胚乳发黄,无香味
瓜类种子	种皮有光泽,种仁黄绿色或白色,油脂多,有香味,口嚼有涩味。黄瓜新种子尖端刚毛较尖,将手插入种子袋内,拿出时手上往往挂有种子	种皮无光泽,种仁深黄色,油脂少,口嚼有"油哈喇"味。黄瓜陈种常有黄斑,顶端刚毛钝而脆,用手插入种子袋内再拿出来,种子往往不挂在手上
茄子	表皮橙黄色,边缘略带黄色,用牙齿咬时易滑落,用手扭时有韧性,破处卷曲,子叶与种皮不易脱开	表皮无光泽,呈浅橙黄色,边缘与中心色泽一致,用手扭时无韧性,破处整齐,皮较脆
辣椒	表皮呈深米黄色,脐部橙黄色,有光泽,牙齿咬时柔软不易被折断,辣味较大	表皮呈浅米黄色,脐部浅橙黄色或无橙黄色,无光泽,牙咬时硬而脆,易折断,辣味小或无辣味
番茄	表皮种毛整齐、长而细软,用手搓无刺手心感,种毛不易被搓掉,切开后种仁易挤出,呈乳白色,用指甲压种仁成泥状,油脂可印染纸	用手搓手心有刺痛感,种毛易被搓掉或搓乱,切开后种仁呈黄白色,用指甲压种仁成片状,油脂少,不易染纸
菠菜	种皮黄绿色,清香,种子内部淀粉为白色	种皮土黄色或灰黄色,有霉味,种子内部淀粉浅灰色至灰色
胡萝卜	种皮呈黄绿色,种仁白色,有清香气味	种皮黄色或深黄色,种仁黄色,无香味
芹菜	表皮土黄色稍带绿,辛香气味较浓	表皮为深土黄色,辛香气味较淡
蕹菜	表皮深褐色或褐色,有光泽,子叶淡绿色	表皮灰褐色或有"白霜",无光泽,子叶黄色
芫荽	气味浓	气味淡或无

(二)种子净度测定

种子净度也称种子洁净度,是指供检样品中除去各种杂质和废种子后留下的本作物净种子重量占分析样品总重量的百分率。如果种子净度不高,种子质量会受很大影响,种子安全贮藏的稳定性也会降低。

1. 取样

从大、中、小粒三级各称出种子 2~3 份,每份4 g(小粒种子)~200 g(大粒种子),计算种子净度,不同种子取样标准见表 5-2。

表 5-2 蔬菜种子质量测定取样标准

蔬菜类别	测定净度及发芽率用的平均取样量/g	测定净度的取样量/g
豌豆、菜豆	1000	200
甜菜	500	25
南瓜	500	100
西瓜	300	100
黄瓜	100	25
萝卜	50	10
甘蓝	50	5
茄子、番茄、辣椒	50	5
胡萝卜	50	4

2. 计算

种子净度(%)=(供检样品重量-夹杂物重量)÷供检样品重量×100%。

夹杂物包括石头、泥土、草屑、杂草种子及该品种外的其他种子等,为保证测定结果准确性,一般重复取样、计算 2~3 次,最后取平均值。

(三)千粒重的测定

千粒重指自然干燥(气干)状态下 1000 粒纯净种子的重量,单位一般用 g 表示。它是衡量种子大小与饱满程度、计算播种量的一项指标。

采用四分法取样进行千粒重的测定。将纯净种子平铺桌面呈四方形,按四分法取样,画对角线成 4 个三角形,取出一半种子混合,再如此继续取样,直到剩千粒左右时,数出 1000 粒,称重。两次试样的称重误差不得超过 5%,若超过 5%,则取第三份试样补充称量,最后取误差小于 5%的其中两份,求其平均值,以代表受检样品的千粒重。

(四)种子发芽力测定

发芽力是种子在适宜条件下(实验室可控制的条件下)发芽并长成正常植株的能

力,通常用发芽势和发芽率表示。发芽势是指发芽初期,在规定的日期内能正常发芽的种子数占供试种子数的百分比,发芽势决定着出苗的整齐程度,发芽势高,出苗整齐,幼苗生长一致,反之幼苗参差不齐。发芽率是指在发芽终期(规定的时间内)全部正常发芽种子数占供试种子的百分比,是判断田间出苗率的指标。发芽率、发芽势具体测定步骤如下。

1. 发芽床准备

在培养皿中铺放 2～3 层滤纸,滤纸浸湿,水量以培养皿倾斜而水不滴出为度。

2. 种子的准备

从纯净种子中按"(二)种子净度测定"项下"1.取样"的方法取得平均样品,而后随机连续数取种子 2～4 份作为检验样品,每份种子 50 粒(大粒)～100 粒(小粒)。

3. 播排种子

将种子均匀排放于发芽床中,给培养皿贴上标签,注明蔬菜名称、重复次数、处理日期等。然后将种子放在适宜的温度和光照条件下(表 5-3),在恒温箱或温室内进行发芽。

4. 种子管理

发芽期间,每天早晨或晚上检查温度并适当补充水分、氧气,发现霉烂种子随时拣出登记,有 5% 以上种子发霉时,应更换发芽床,种皮上生霉时可洗净后仍放在发芽床上。在恒温箱底部放一定期换水的水槽,利于保持箱内的湿度。

5. 发芽情况统计

以胚根伸出种皮达 1/2 种子长度作为统计发芽的标准。凡有下列情况之一者,都作为不发芽的种子:没有幼根的种子或有根而无芽者;种子柔软、腐烂而不能发芽者;幼根和幼芽为畸形者;不发芽也不腐烂的硬粒种子。

6. 计算

发芽实验结束时,根据记载结果计算发芽率和发芽势。

发芽率(%)＝发芽终期(规定天数)全部正常发芽种子数÷供试种子数×100%

发芽势(%)＝发芽初期(规定天数)发芽种子的粒数÷供试种子数×100%。

常见蔬菜种子发芽率、发芽势测定条件和规定天数见表 5-3。

表 5-3　常见蔬菜种子发芽率、发芽势测定条件和规定天数

蔬菜种类	发芽温度/℃	光线	规定天数/d	
			发芽势	发芽率
萝卜	20～30	黑暗	3	7
胡萝卜	20～30	黑暗	5～7	10～14
莴苣类	20～30	黑暗、光	5	10～14
白菜类	20～30	黑暗	3	7
甘蓝类	20～30	黑暗	3	7

续表

蔬菜种类	发芽温度/℃	光线	规定天数/d	
			发芽势	发芽率
菠菜	15~20	黑暗	5	14
菜豆、豇豆	20~30	黑暗	4	8
扁豆	20~30	黑暗	4	10
蚕豆	20~30	黑暗	4	10
豌豆	20~30	黑暗	3~4	7~10
芫荽	20~25	黑暗	7	17
葱蒜类	18~25	黑暗、光	5~6	12~20
番茄	20~30	黑暗	4~6	6~12
茄子、辣椒	25~30变温	黑暗	7	14
黄瓜	20~30变温	黑暗	4~5	8~10
菜瓜、甜瓜	20~30变温	黑暗	3	8
西葫芦、南瓜	20~30变温	黑暗	3	10
冬瓜	25~30变温	黑暗	10	14
瓠瓜	30~35变温	黑暗	8~10	14
石刁柏	20~30变温	黑暗	10	21
根用甜菜	20~30变温	黑暗	4	8
芹菜	20~30变温	光	7	14
茴香	20~30变温	黑暗	7	14

注:变温即一天内有16 h低温、8 h高温,如黄瓜16 h 20 ℃、8 h 30 ℃。

四、作业与思考

①试述鉴别新、陈种子的重要性,以及鉴别要点。

②通过实践,填写供试种子净度测定记录表(表5-4)、测定发芽势和发芽率记载表(表5-5)。

③比较不同蔬菜种子的发芽势、发芽率,并分析影响种子发芽势、发芽率的因素有哪些。

④根据供试种子的各项指标测定结果,说说该种子的品质和使用价值。

表 5-4　供试种子净度测定记录表

供试种子	重复编号	供试种子重量/g	夹杂物重/g	净度/%	平均净度/%	千粒重/g	平均千粒重/g
	Ⅰ						
	Ⅱ						
	Ⅲ						
	Ⅰ						
	Ⅱ						
	Ⅲ						
	Ⅰ						
	Ⅱ						
	Ⅲ						
	Ⅰ						
	Ⅱ						
	Ⅲ						

注:每样种子至少重复2次。

表5-5 测定发芽势和发芽率记载表

种名	温度	重复编号	各发芽试验日数的发芽种子数											未发芽率 /%	发芽势				发芽率			
			2	3	4	5	6	7	8	9	10	11	12		天数 /d	发芽势 /%	平均发芽势 /%		天数 /d	发芽率 /%	平均发芽率 /%
		Ⅰ																				
		Ⅱ																				
		Ⅲ																				
		Ⅰ																				
		Ⅱ																				
		Ⅲ																				
		Ⅰ																				
		Ⅱ																				
		Ⅲ																				
		Ⅰ																				
		Ⅱ																				
		Ⅲ																				

实践 6　蔬菜种子播前处理

一、目的及要求

蔬菜种子播前处理是蔬菜栽培和育苗的重要环节。通过实践，了解播种前种子处理的主要方法，能根据不同蔬菜种子特性选择适宜的消毒、浸种、催芽方法，通过实践掌握常见蔬菜种子播前处理方法。

二、材料与工具

（一）材料

萝卜、茄子、豌豆、生菜、黄瓜、辣椒等蔬菜种子。

（二）工具

量筒、烧杯、天平、纱布、培养皿、培养箱、电炉等。

三、实践方法与步骤

为打破种子休眠，杀菌消毒，提高种子的发芽率和种苗的整齐度，在蔬菜栽培和育苗前一般要进行播前处理。蔬菜种子播前处理主要包括消毒、浸种、催芽等，不同蔬菜种子播前处理不尽相同，一般果菜类种子播前处理程序会较多。

（一）消毒

生长过程中蔬菜作物许多病虫害往往是由于种子携带各种病原菌。有的蔬菜种子表面甚至内部大都带有病原菌，种子会把病原菌直接传给幼苗和成株，导致发生病害，特别是苗期病害的发生，大多是由种子携带各种病原菌引起的，为此，播种前对种子进行科学消毒，可以减少病虫害最初侵染源，把好蔬菜生长第一关。

1. 药剂浸种消毒

生产上用 1% 高锰酸钾溶液或 10% 磷酸三钠溶液浸泡 20～30 min，可钝化番茄、辣椒等种子上的病毒；用 100 倍福尔马林（40% 甲醛）稀释液浸种 20～30 min 可防治番茄早疫病、黄瓜炭疽病、黄瓜枯萎病、茄子黄萎病等；1% 硫酸铜溶液浸种 5 min 可防治辣椒炭疽病、细菌性斑点病等；用 500 倍多菌灵（50%）稀释液浸种 1～2 h 可防治黄瓜枯萎病、茄子黄萎病等；其他常用的消毒药剂还有代森铵、农用链霉素、氢氧化钠、漂白粉等。

采用药液浸种消毒时,必须严格掌握药液浓度和浸种时间,将种子放入相应浓度的药剂中,边浸泡边搅拌至相应的浸种时间。浸种消毒后的种子,必须用清水反复冲洗干净,方可继续用温水浸种或播种,以免附着在种子上的药剂对种子造成伤害。

2. 药剂拌种消毒

药剂拌种处理相对简单,常用的药剂为粉状杀菌剂和杀虫剂,如 75%百菌清、70%敌克松、70%甲基托布津、60%多菌灵、50%福美双等,用药量一般为干种子重量的 0.2%～0.4%。如用 70%敌克松原粉拌种:用药量为种子重量的 0.3%,可防治辣椒苗期立枯病和菜豆炭疽病。用 50%福美双拌种:用药量为种子重量的 0.2%,可防治萝卜黑腐病、大葱和洋葱黑粉病;用药量为种子重量的 0.25%,可防治茄子、瓜类、甘蓝、花椰菜、莴笋、蚕豆等苗期立枯病、猝倒病;用药量为种子重量的 0.3%～0.4%,可防治炭疽病、白斑病、霜霉病等。

药剂拌种时种子和药剂均要为干燥状态,否则会引起药害和影响种子沾药的均匀度。具体操作是将种子放入罐中,加入相应量的药剂,摇动混匀,保证种子均匀粘上药剂即可。

3. 干热处理消毒

干热消毒是指在干燥环境下用高温杀死细菌和细菌芽孢的技术。如将瓜类、番茄、菜豆等蔬菜种子置入 70～80 ℃干燥箱中处理 2～3 d,就可杀死种子表面及内部的病菌,还可减少苗期病害的发生;70 ℃处理 5 h,可防治甜瓜枯萎病;70 ℃处理 3 d,可防治黄瓜、西瓜绿斑花叶病;70 ℃处理 5 d,可防治西瓜炭疽病、番茄溃疡病等。

(二)浸种

浸种的目的是促进种子较早发芽,杀死一些虫卵和病毒。根据浸种温度不同可分为普通浸种、温汤浸种和高温烫种浸种。对于种皮坚硬不透水的种子,浸种前可通过机械摩擦破坏种皮,亦可用 95%浓硫酸或 10%氢氧化钠短时间浸泡处理,使种皮变薄,蜡质消除,以利于透水透气。

1. 普通浸种

普通浸种也称常温浸种、凉水浸种,浸种水温同室温(20～30 ℃),该类浸种的目的是使种子充分吸水,促进发芽,无杀菌作用。该类浸种操作容易、简单方便,且十分安全。浸种所需要的时间与蔬菜种类、种皮厚薄及透性强弱、浸种前种子的含水量,以及浸种的水温等有关。种皮和内含物吸水都快的,如油菜、蕹菜、菜豆等,浸种时间短;种皮和内含物吸水慢都慢的,如茄子,浸种时间要长些;种皮吸水快,内含物吸水慢的,如冬瓜,应采用间歇浸种,避免一次浸种时间过长;种皮吸水慢,但内含物吸水快的,如芹菜、芫荽等,可先机械处理,再浸种。不同蔬菜浸种时间不同,具体见表 6-1。

表 6-1　常见蔬菜种子浸种水温、时间和催芽适温

蔬菜种类	浸种温度/℃	浸种时间/h	催芽适温/℃
黄瓜	20～30	4～5	20～25
南瓜	20～30	6	20～25
冬瓜	25～35	24～48	25～30
丝瓜	25～35	24～48	25～30
瓠瓜	25～35	24～48	25～30
苦瓜	25～35	72	25～30
番茄	20～30	8～9	20～25
辣椒	30	8～24	22～27
茄子	30～35	24～48	25～30
芹菜	15～20	8～48	20～22
油菜	15～20	4～5	浸后播种
莴笋	15～20	3～4	浸后播种
莴苣	15～20	3～4	浸后播种
菠菜	15～20	10～24	浸后播种
香菜	15～20	24	浸后播种
韭菜	15～20	10～24	浸后播种
茼蒿	15～20	10～24	浸后播种
蕹菜	15～20	3～4	浸后播种
茴香	15～20	24～48	浸后播种
荠菜	15～20	10	浸后播种

具体操作：

①取番茄、黄瓜、茄子、油菜等蔬菜种子若干分别置入烧杯。

②按浸种温度装入清水，水量为种子量的 5～6 倍，反复搓洗种子，去除种子表面黏着物。

③浸种时间超过 8 h 的，应每隔 5～8 h 换水 1 次。

④浸种结束后再次搓洗并用清水冲干净，即可进行催芽或播种。

2. 温汤浸种

用一定温度(病菌致死温度 50～55 ℃)的热水进行浸种叫作温汤浸种，除具有一般浸种作用外，其还具有杀菌和抑制病毒作用。取番茄、黄瓜、茄子、油菜等蔬菜种子若干分别置入烧杯，加入 50～55 ℃ 温水，水量为种子量的 5～6 倍，不断搅拌，随时补给温水保持 55 ℃ 水温，持续 10 min 后，水温逐渐降低至 30 ℃ 时，再进行普通浸种。

3. 高温烫种浸种

高温烫种浸种一般用于种皮较坚硬、难以吸水，且能忍耐高温的种子，如冬瓜、菠

菜、西瓜、黄瓜等,水温 70~80 ℃,甚至更高,如冬瓜可用 100 ℃沸水烫种。其优点是灭菌效果较好,可缩短浸种时间,但必须慎重采用,烫种前种子要干燥,种子越干燥,越能耐受高温,否则易烫死种子。

具体操作:

①取两个烧杯,往其中一个烧杯置入种子后加入 70~85 ℃烫水,水量不超过种子量的 5 倍,与另一个空烧杯来回倾倒,最初几次动作要快,使热气散发并提供氧气。

②一直倾倒至水温降到 55 ℃时,再改为不断地搅动,并保持该温度 7~8 min,以后的步骤同常温浸种。

③浸种后的种子若不进行催芽,应于浸完洗净后使水分稍蒸发至互不黏结时即可播种,或加入一些细沙、草木灰以助分散。

4. 浸种注意事项

①浸种容器不宜为金属容器或塑料容器,应选用玻璃容器或搪瓷容器,防止有毒物质危害种子。

②浸种时间应根据种子特性而定,不宜过短或过长,过短达不到浸种效果,过长会导致种子内养分渗出而影响发芽和出苗,如豆类蔬菜种子浸种由皱缩变鼓胀时即可捞出。

③高温烫种浸种应注意温度和时间,避免温度过高或时间过长导致种子死亡。种皮薄的种子,抗热性差,不宜采用高温烫种。

(三)催 芽

催芽是将浸种后需要催芽的种子置于适宜温度条件下(耐寒蔬菜适宜温度 15~20 ℃、半耐寒蔬菜适宜温度 15~25 ℃、喜温性蔬菜适宜温度 25~30 ℃、耐热蔬菜适宜温度 25~35 ℃)促使种子发芽的措施,其目的是提高种子的发芽速度、发芽率和整齐度。具体操作:

①将浸种后种子先甩干或稍稍晾干,使种子表面水膜散失,以利通气,然后将种子平铺于干净的湿纱布或毛巾上(厚度不超过 0.5 cm),包好放置于培养皿或平底瓷盘中。

②置入恒温培养箱,根据不同蔬菜种子催芽最适温度设置相应温度,瓜类、茄果类等喜温蔬菜设置 25~30 ℃,芹菜等喜冷凉蔬菜设 15~20 ℃,具体见表 6-1。

③催芽期间,每天用清水淘洗种子 1 次,排净黏液,以利于种皮进行气体交换,并观察种子发芽情况。一般情况下,小粒种子有 75% 左右出芽即可终止催芽进行播种;大粒种子如瓜类种子可催芽久一点。如因某种原因不能及时播种,应将催完芽的种子放在冷凉处抑制芽的生长。

④主要蔬菜种类的催芽时间见表 6-2。

表 6-2　主要蔬菜种子催芽所需时间

蔬菜种类	催芽所需时间/d	蔬菜种类	催芽所需时间/d
莴苣	1~2	芫荽	2~3
黄瓜	1.5~2	菠菜	2~3

蔬菜种类	催芽所需时间/d	蔬菜种类	催芽所需时间/d
油菜、白菜	1.5～2	番茄	2～4
花椰菜	1.5～2	芹菜	2～4
茼蒿	1.5～2	丝瓜	4～5
南瓜	2～3	辣椒	5～6
西葫芦	2～3	茄子	6～7
菜豆	2～3	苦瓜	6～8
豇豆	2～3	冬瓜	6～8

四、作业与思考

①分析蔬菜种子播前处理的意义,一般什么样的蔬菜种子需要浸种催芽处理?

②浸种有什么作用?

③果菜类蔬菜种子进行浸种催芽处理的注意事项有哪些?

④如何根据果菜类蔬菜种子的特性确定浸种催芽的条件?

实践 7　蔬菜播种育苗

一、目的及要求

了解蔬菜植物育苗的意义以及播种育苗的方式,掌握常见有土苗床育苗、穴盘育苗的主要方法和程序。

二、材料与工具

(一)材料

茄子、辣椒等茄果类种子,黄瓜、南瓜等瓜类种子或其他种类蔬菜种子;泥炭土、珍珠岩、蛭石等育苗基质;穴盘育苗容器及其他育苗所需材料。

(二)工具

铁锹、铲子、薄膜等育苗工具,苗床、大棚、温室等育苗设施设备。

三、实践方法与步骤

(一)育苗意义及方式

蔬菜播种育苗是指可移栽蔬菜从播种至培育成苗(定植前)的作业过程,是蔬菜植物生产的重要环节。育苗的意义有:①可提早播种,提前生长,延长生长期,可充分利用生长季节,早开花,早结果,提早供应市场;②可合理利用土地资源,提高土地利用率,增加复种指数,提高单位面积产量;③可使蔬菜苗期相对集中,有利于创造幼苗生长适宜的环境条件,易做到精细管理,容易培养壮苗;④便于茬口安排与衔接,有利于周年集约化栽培的实现。

目前生产上的育苗根据繁殖方式可分为播种育苗、扦插育苗和嫁接育苗等。常见的播种育苗主要为有土苗床育苗、容器育苗、穴盘育苗和工厂化育苗。此处将以有土苗床育苗和穴盘育苗为代表,进行简要介绍。

1. 有土苗床育苗

有土苗床育苗不需要育苗容器,直接在土壤表面做成育苗床,育苗时在苗床上铺10~15 cm 厚的营养土,耙平后直接在上面进行播种育苗。以有土苗床育苗为基础,按是否采用保护设施可划分为露地苗床育苗与设施苗床育苗。设施苗床育苗又分拱棚有土苗床育苗、温室有土苗床育苗、电热温床育苗、遮阳降温苗床育苗。无论哪种有土苗床育苗,其特点都是将种子直接播于土壤或营养土中,根系生长不受限制,但一般都需要分苗移栽,在移栽和定植时易伤根,定植后需要缓苗。

2. 穴盘育苗

穴盘育苗是以穴盘为育苗容器,以草炭、蛭石等轻质材料为育苗基质,采用精量化播种,一穴一粒、一次成苗的现代育苗方法。因成株时根系填满穴孔,呈上大下小的塞子形,美国将其称为"塞子苗",日本将其称为"框穴成型苗"。穴盘育苗对种子要求较高,因为是一穴一粒种子,一孔一株幼苗,所以孔穴率必须控制在5%以下。为保证出苗率,一方面要求种子质量好、发芽率和出苗率高,另一方面对规模不大的穴盘育苗,可以采用先催芽后播种的方法。

(二)有土苗床育苗

1. 营养土配制

由于育苗期间,幼苗密度大,吸收养分多,加上幼苗根系弱,吸收能力不强,为此要对育苗营养土进行人工配制。育苗营养土一般用园土、腐熟有机肥、疏松物质(草炭、细河沙、稻壳、蘑菇渣等)等按一定比例配制而成,也称床土、苗床土。良好的营养土要求养分齐全、酸碱适度、疏松通透,保水能力强,无病菌、虫卵和草籽。

营养土配制原则上应因地制宜,就地取材。园土要选用肥沃、无病菌虫卵的土,最好是未种植过与所育幼苗同科植物的,并充分熟化的菜园土,过筛备用。不可用生土,因其理化性质较差,且微生物群落不好。有机肥可选用充分腐熟的马粪、鸡粪、猪圈粪、秸秆肥等优质肥料,并打碎过筛。切忌用生粪、块粪,以免发生烧根。

营养土根据用途还分为播种床土和分苗床土两类。

(1)播种床土配制

播种床土对肥沃程度要求不高,但要求营养土特别疏松、通透,以利于幼苗出土和分苗起苗时不伤根。常用配制比例为园土:草炭:有机肥＝4:5:1,配制时园土和腐熟有机肥必须分别打碎、过筛,充分混匀。

(2)分苗床土配制

分苗床土也叫移植床土,为保证幼苗期有充足的营养和定植时不散坨,分苗床土应加大园土和优质有机肥的比例。分苗床土常见配比为园土:草炭:有机肥＝5:3:3,每立方米床土加化肥1.0～1.5 kg。

2. 床土消毒

为防止床土带菌,引发苗期病害,可采用下列方法消毒。

(1)福尔马林熏蒸消毒

将100倍福尔马林(40%甲醛)稀释液喷洒到床土里,充分拌匀后堆起,用薄膜密封5～6 d,然后揭开薄膜待药味挥发后再使用,其间可翻动数次,加速药味挥发。

(2)药液喷洒消毒

在播种前一周,将200～400倍代森锌(50%)稀释液,或800～1000倍敌克松(70%)、甲基托布津(70%)、多菌灵(50%)稀释液,喷洒在床土中拌匀即可,每立方米床土用5～6 kg药液。

（3）高温消毒

夏季高温季节，把配制好的床土置入大棚或温室中，平摊10 cm厚，关闭所有的通风口，或在露地用塑料薄膜盖严，使中午棚室内或薄膜下的温度达到60 ℃，维持7～10 d即可。

3. 苗床整理、播种

将消毒后的床土填入苗床，一般10～15 cm厚，并将苗床整平、压实，耙平灌水，待床面稍干后，耙松并用木板刮平床面。

选择晴天上午播种，此时温度高，出苗快且整齐。若在阴雨天播种，地温低，迟迟不出苗，易造成种芽腐烂。

播种方法有点播、撒播、条播三种，选择哪种播种方法应根据种子大小而定。大粒、较大粒种子常用点播方法，中粒、较小粒种子常用撒播方法，小粒种子常用掺细河沙或细锯末混合均匀后撒播或条播。点播根据幼苗密度要求，确定株行距；撒播根据幼苗密度要求，确定每平方米的播种量；条播根据幼苗密度要求，确定每平方米的行数与每小行的种子数量。

对于催芽处理的种子，当种子胚根露出0.1～0.2 cm，即可播种。另外，已浸种催芽的种子易成团，也可先用细河沙或草木灰拌种后再播种。

播种后覆土，不同种类种子覆土厚度不同，大粒种子厚些，瓜类种子1.0～2.0 cm，茄果类、甘蓝类0.5～1.0 cm，莴苣芹菜等0.5 cm左右。覆土不宜过薄，也不宜过厚，过薄易造成种苗"戴帽"，过厚会影响出苗。

4. 苗期管理

（1）出苗期

出苗期指从播种到出苗这段时期。多数育苗在冬春季进行，外界气温低，不利于育苗，故播种后应立即用地膜或无纺布覆盖床面，增温保墒，也可通过铺设电热温床、加盖小拱棚来提高苗床温度，喜温蔬菜苗床温度控制在25～30 ℃，喜凉蔬菜20～25 ℃。待苗出土达到70%左右，应及时揭掉地膜等覆盖物，并撒一层细潮土或草木灰或药土，可减少水分蒸发，防止病害发生。

（2）小苗期

小苗期指从出苗到分苗这段时期。为防止"高脚苗"形成，管理重点是创造光照充足、地温适宜、气温稍低、湿度较小的环境条件。播种后80%幼苗出土就应开始通风，降低苗床气温：喜温蔬菜白天温度20～25 ℃，夜温12～15 ℃；喜凉蔬菜白天温度15～20 ℃，夜温10～12 ℃，土温控制在18 ℃以上。另外，延长光照时间，尽量不浇水，如发生猝倒病应及时将病苗挖去，以药土填穴。

（3）分苗期

分苗就是将幼苗从播种床移栽到分苗床中或营养钵（营养土方）中，目的是扩大幼苗的营养面积。对于不耐移植的蔬菜可将小苗移入营养钵或营养土方中，对于较耐移植的幼苗可移入分苗床中，分苗床床土厚度10～12 cm。分苗时期以破心前后为最好，最迟不能超过2～3叶期（果菜类花芽分化期）。分苗前3～4 d应逐渐降低播种床温度、湿度，给予充足的阳光，增强幼苗的抗逆性，分苗前1 d播种床浇1次透水，避免起苗时伤根。分苗时注意淘汰病弱苗、无心叶苗等。如幼苗不齐，可按大小分别移植，以便管理。分苗后不通风、密闭保温,缓苗 3～4 d。

(4)成苗期

成苗期指分苗缓苗后到定植前这段时期。管理重点是创造较高的日温、较低的夜温、强光和适当肥水条件,避免幼苗徒长,促进果菜类花芽分化,防止温度过低造成叶菜类未熟抽薹。喜温蔬菜的适温指标:白天温度 25～30 ℃,夜温 15～20 ℃。喜凉蔬菜的适温指标:白天温度 20～22 ℃,夜温 12～15 ℃,保持10 ℃左右的昼夜温差。定植前 7～10 d,逐渐加大通风降低温度,进行"炼苗"。水分管理应注意增大浇水量,减少浇水次数,使土壤见干见湿,浇水宜选择晴天的上午进行。定植前趁幼苗集中,可叶面追肥 1 次,0.1％尿素液喷洒于叶面,果菜类可叶面喷施磷酸二氢钾(0.1％～0.2％)或"喷施宝"等叶面肥。

5. 育苗时常见问题及原因

(1)烂种或出苗不齐

烂种一方面与种子质量有关,种子未成熟、贮藏过程中霉变、浸种时烫伤均可造成烂种;另一方面播种后低温高湿、施用未腐熟的有机肥、种子出土时间长、长期处于缺氧条件下也易发生烂种。出苗不齐的原因主要有种子质量差、底水不均、覆土薄厚不均、床温不均、有机肥未腐熟、化肥施用过量等。

(2)"戴帽"出土

"戴帽"出土指幼苗出土后出现种皮不脱落、夹住子叶的现象。土温过低、覆土太薄或太干,使种皮受压不够或种皮干燥发硬不易脱落。另外,瓜类种子直插播种,也易"戴帽"出土。为防止"戴帽"出土,播种时应均匀覆土,保证播种后有适宜的土温。幼苗刚出土时,如床土过干,可喷少量水保持床土湿润,发现有覆土太薄的地方,可补撒一层湿润细土。发现"戴帽"出土者,可先喷水使种皮变软,再人工脱去种皮。

(3)沤根

发生沤根时,幼苗不发新根,根呈锈色,病苗极易从土中拔出。沤根主要是由于苗床土温长期低于12 ℃,加之浇水过量或遇连阴天,光照不足,致使幼苗根系在低温、过湿、缺氧状态下发育不良,造成沤根。应提高土壤温度(土温尽量保持在16 ℃以上),播种时一次浇足底水,出苗过程中适当控水,严防床面过湿。

(4)徒长苗

徒长苗茎细长,叶薄色淡,须根少而细弱,抗逆性较差,定植后缓苗慢,不易获得早熟高产。幼苗徒长是光照不足、夜温过高、水分和氮肥过多等原因所造成的,可通过增加光照、保持适当的昼夜温差、适度给水、适量播种、及时分苗等管理措施来防止。

(5)老化苗

老化苗又称"僵苗""小老苗"。老化苗茎细弱、发硬,叶小发黑,根少色暗。老化苗定植后发棵缓慢,开花结果迟,结果期短,易早衰。老化苗是苗床长期水分不足或温度过低或激素处理不当等原因所造成的,育苗时应注意防止长时间温度过低、过度缺水和不按要求使用激素。

(三)穴盘育苗

1. 穴盘选择、消毒

穴盘外形尺寸多为 54.9 cm×27.8 cm,按孔径大小分,有 50 孔、72 孔、105 孔、

128 孔、200 孔、288 孔不等,应根据蔬菜种类和种苗大小要求选择适宜的育苗穴盘,具体见表 7-1。此外,穴盘可重复使用,但使用过的穴盘可能会残留一些病原菌、虫卵,使用前必须对其进行清洗、消毒,消毒可用 500 倍多菌灵稀释液浸泡 12 h,或 1000 倍高锰酸钾溶液浸泡 30 min,或 100 倍的漂白粉溶液浸泡 8～10 h,浸泡完毕取出晾干即可。

表 7-1　不同蔬菜种类种苗大小与穴盘规格

蔬菜种类	种苗大小	穴盘规格
茄子	2 叶 1 心小苗	288 孔
	4～5 片真叶	128 孔
	6～7 片真叶	50 孔或 72 孔
甜椒、辣椒	2 叶 1 心小苗	288 孔
	7～8 片真叶	105 孔或 128 孔
	8～10 片真叶	50 孔或 72 孔
番茄	2 叶 1 心小苗	288 孔
	4～5 片真叶	105 孔或 128 孔
	6～7 片真叶	50 孔或 72 孔
黄瓜、丝瓜、南瓜等瓜类	3～4 片真叶	50 孔或 72 孔
芹菜	4～5 片真叶	200 孔或 288 孔
	5～6 片真叶	128 孔
生菜、甘蓝类蔬菜	2 叶 1 心小苗	288 孔
	5～6 片真叶	128 孔
	6～7 片真叶	50 孔或 72 孔

2. 苗床准备

冬季育苗选用日光温室,配备保温防寒设施,春秋季育苗日光温室、塑料大棚均可,夏季育苗备好遮阳网、防虫网。畦宽根据育苗棚规格确定,一般畦宽 1.6～1.8 m,畦面整平后铺上一层地布或地膜。

3. 基质配制、装盘

穴盘育苗基质必须选用理化性好的轻型基质,如草炭、蛭石、珍珠岩、废菇渣等。常用育苗基质配方为蛭石∶草炭=1∶2,或菇渣∶草炭∶蛭石=1∶1∶1,或草炭∶蛭石∶珍珠岩=2∶1∶1。每立方米的基质中还应加入磷酸二铵 2 kg、高温膨化的鸡粪 2 kg,或加入氮磷钾(15-15-15)三元复合肥 2～2.5 kg。

按上述配方量取基质材料,加水充分混匀,使基质含水量达 55%～60%,即用手握基质成团,有水印而不形成水滴即可,然后堆置 1～2 h 使基质充分吸足水即可备用。将准备好的基质装入穴盘中,注意装盘时不能用力压紧,正确做法是用刮板从穴盘的一方刮向另一方,使每个孔穴都装满基质,装盘后各个格室能清晰可见为好。

4. 播种

（1）压穴

播种前将 4～5 穴盘叠放双手往下按压，用力均匀，使每个孔穴压出深度一致的小孔，根据不同作物选择适当小孔深度，一般瓜类大粒种子深度 1～1.5 cm，茄果类种子深度 0.5～1 cm，叶菜类蔬菜种子深度 0.5 cm。

（2）播种

压穴之后在孔内进行单粒点播种子，完成后轻轻覆盖原基质并刮平，使基质面与盘面相平。

（3）覆盖

播种后用蛭石覆盖穴盘，方法是将蛭石倒在穴盘上，用刮板从穴盘的一方刮向另一方，去掉多余的蛭石，覆盖蛭石不要过厚，与格室相平为宜。

（4）浇水

将播种好的穴盘及时用清水浇透，以穴盘下面渗水孔露出水滴为宜，浇水时用带雾化喷头或喷水细密喷头的喷壶喷水，浇水要均匀，防止将孔穴内的基质和种子冲出。也可将播种后的穴盘浸放到水槽中，水从穴盘底部慢慢往上渗，吸水较均匀。

（5）苗盘入床

将播种后浇好水的穴盘移入苗床，4～6 穴盘的宽度为一组，中间留 30 cm 走道，上平铺覆盖一层地膜，以防止育苗盘内水分散失，以利于保温保湿。覆盖地膜时，可在育苗盘上安放一些小竹条，使薄膜与育苗盘之间留有空隙而不黏结。

5. 苗期管理

（1）出苗前管理

①水分管理。冬春季出苗前用地膜覆盖苗盘，以防止育苗盘内水分散失，以利于保温保湿；夏季温度高水分蒸发快，要小水勤浇，以利于出苗。浇水要选择晴天的上午，浇水要浇透。

②温度管理。播种后出苗前苗床温度白天保持在 28～30 ℃，夜间 15～18 ℃，70% 左右种子出苗时，注意及时揭去苗床地膜，防止揭膜过迟而形成"高脚苗"或烧苗。发现有子叶带帽出土，要及时人工"脱帽"。

（2）出苗后管理

①移苗补缺。待子叶展开后就要立即进行间苗和移苗补缺，将单穴内多余的苗拔起移入缺苗的空穴内，同时将穴内多余的苗拔除，缺苗移补好后，立即对苗床喷洒清水。

②温度管理。变温管理，白天 24～28 ℃，夜间 14～17 ℃。即白天棚温达到30 ℃时要及时通风，当低于 26 ℃，立即关闭通风口，使棚温保持 24～28 ℃。夜间温度保持 14～17 ℃，避免夜温过高造成幼苗徒长，形成弱苗。

③水分管理。苗盘基质以不干不湿为准（即湿度在 40%～60% 范围内）。若基质表面干燥应及时补水。补水时，应注意重复 2 次以上，使基质充分吸水，严禁基质忽干忽湿。冬春季育苗浇水要提前预热，防止冷水僵苗，浇水时间宜在晴天上午进行；夏秋季育苗浇水宜在早晨或傍晚进行，严禁中午高温浇水。

④光照管理。给予幼苗充分的光照条件，延长光照时间，使幼苗多见光。久阴暴

晴后,应注意防晒,防止强光下温度突然升高。

四、作业与思考

①蔬菜常见育苗方式有哪些?各有什么特点?

②为什么要进行园艺植物育苗营养土的配制?

③播种床土和分苗床土有何区别?

④如何配制营养土和育苗基质,实践后写出相应实践报告。

⑤以番茄或黄瓜种子为材料进行穴盘育苗,直到获得成品苗,详细记录育苗过程,填写记录表(表7-2),并写出相应的实践报告。

表 7-2 蔬菜穴盘育苗生长调查

品种	播种量/粒	播种时间(月/日)	出苗时间(月/日)	出苗数/棵	出苗率/%	子叶平展期(月/日)	第1片真叶形成时间(月/日)	第2片真叶形成时间(月/日)	第3片真叶形成时间(月/日)	第3片真叶时株高/cm	出苗整齐度

实践 8　蔬菜嫁接育苗

一、目的及要求

了解蔬菜嫁接育苗的意义及主要方式,实践掌握黄瓜嫁接育苗的主要方法和具体操作技术。

二、材料与工具

(一)材料

1. 待嫁接的黄瓜接穗苗

①用于"靠接":2 片子叶展平,第 1 片真叶出现。

②用于"插接":2 片子叶展平,1 片真叶冒出至展平前。

2. 黑籽南瓜(或其他南瓜)砧木苗

①用于"靠接":2 片子叶完全展平。

②用于"插接":第 1 片真叶展开,2～2.5 cm 大小。

(二)工具

刀片、竹签、嫁接夹(或塑料条和曲别针)、洁净的操作台、纱布或酒精棉、75％酒精等;营养钵或苗床及营养土、小拱棚架材、遮阳网等;干湿温度表。

三、实践方法与步骤

(一)嫁接育苗的意义及主要方式

嫁接育苗就是指人们有目的地将一株植物上的枝条或芽,接到另一株植物的枝、干或根上,使之愈合生长在一起,形成一株新的植株的育苗方法。用来嫁接的枝或芽称为接穗,承受接穗的植株称为砧木。嫁接育苗技术目前大多应用在果菜类的生产上,如瓜类、茄果类等。蔬菜嫁接育苗的意义:①提高蔬菜植株抗土传性病害的能力。瓜类的枯萎病、番茄的青枯病和枯萎病、茄子黄萎病等土传性病害,一旦发生很难用药物防治。如利用抗病砧木进行嫁接可以提高蔬菜等作物对多种土传性病害的抗性。②增强植株抗逆性。利用砧木优良的耐低温、耐旱能力,通过嫁接可以提高接穗的抗寒和抗旱能力。③克服连作障碍。④提高产量。嫁接苗根系强大,根系吸收能力增强,因此嫁接苗地上部生长旺盛,叶面积增大,产量可明显提高。常见蔬菜嫁接育苗的主要方式有"靠接""插接""劈接"。"靠接"适用于瓜类蔬菜,尤其适用于胚轴较细的砧木嫁接。"插接"也适用于瓜类蔬菜的嫁接,尤其适用于胚轴较粗的砧木种类。"劈接"主要应用于茄果类蔬菜的嫁接,如番茄和茄子的嫁接。

下面将以黄瓜为例,对"靠接"和"插接"的具体操作进行介绍。

(二)嫁接前准备工作

1. 砧木与接穗的选择

黄瓜嫁接对接穗要求不严格,凡是当地栽培的优良品种都可以作接穗用。黄瓜嫁接对砧木要求严格,必须选择具有抗病、抗逆、丰产等优良性状的南瓜品种或杂交种,如云南黑籽南瓜、日本白籽南瓜、土佐系南瓜等。云南黑籽南瓜为野生种,根系吸收能力和抗枯萎病能力均很强,且经多年多点试验,在亲和性、耐寒性、抗逆性、丰产性等诸多方面表现均好,是目前较为理想的黄瓜砧木品种。

2. 育苗

嫁接育苗过程中种子处理的方法、播种方法和管理等与常规做法一样,但不同的嫁接方法中接穗和砧木的播种期有差别。"插接"砧木比接穗早播3～5 d,"靠接"则相反,砧木比接穗迟播3～5 d。

(三)黄瓜"靠接"

1. 消毒

手指、刀片等用棉球蘸75%的酒精消毒,避免将病菌从接口带入植物体。

2. 砧木准备

将砧木苗营养钵放置于操作工作台上,用刀片去其生长点和真叶(去心),在子叶下0.5 cm处宽面下刀,向下斜切,角度为40°,深达胚轴横径1/2～2/3,刀口长0.7～1.0 cm,切面平滑。

3. 接穗准备

用小铲挖出黄瓜苗,保证根部基质不污染幼苗茎叶,放入瓷盘,注意保湿。在子叶下1.5～2.0 cm处下刀,向上斜切,角度为30°左右,深达胚轴横径3/5～2/3处,刀口长0.7～1.0 cm,切面平滑。

4. 嫁接

将接穗与砧木在切口处对接吻合,并将黄瓜子叶压在南瓜子叶上面,并呈"十"字状,从接穗的一方用嫁接夹固定,使嫁接夹夹板平面与切口平面垂直,如图8-1所示。

砧木苗去心　　砧木苗削切　　接穗削切

嫁接夹

接合　　　　固定接口

图8-1　黄瓜"靠接"

(四)黄瓜"插接"

1. 竹签准备

选竹织针或将竹片削成双面楔性竹签,如果是楔性竹签要求楔性面平滑。嫁接前手指、竹签等均要用棉球蘸75%的酒精消毒。

2. 砧木及接穗准备

用竹签剔去砧木生长点,然后用竹签大斜面向下,由一侧子叶节向另一侧子叶节方向斜向下插入胚轴,到竹签从胚轴另一侧隐约可见时为止,注意不要插穿胚轴表皮,插孔深度为 0.5～0.6 cm,暂时不拔下竹签。取黄瓜苗,在子叶节以下 0.5～0.8 cm处,向前斜切,切口长 0.5～0.6 cm,再从另一面斜切第二刀,切口长 0.2～0.3 cm,使胚轴断开,去掉根系。

3. 嫁接

拔出竹签,立即将接穗插入砧木孔中,两者要密切结合,接穗子叶方向与砧木子叶方向呈"十"字交叉状,如图8-2所示。

砧木苗去心　　砧木苗插心

接穗苗削切　　　插接

图 8-2　黄瓜"插接"

(五)嫁接后管理

1. 置入苗床

无论采用何种嫁接方法,嫁接后应及时将接好的苗置入苗床。冬、春季苗床应设置在温室、塑料薄膜拱棚等保护设施内,苗床上还应架设塑料小拱棚,并备有苇席、草帘、遮阳网等覆盖遮光物;若地温低,苗床还应铺设地热线以提高地温。秋延后栽培的蔬菜,苗期多处于炎热的夏季,幼苗嫁接后,应立即移入具有遮阴、防雨、降温设施的苗床内,精心管理。

2. 湿度管理

嫁接后第1～3 d苗床密封不通风,空气相对湿度要保持95％以上,早晨塑料薄膜和嫁接苗子叶上都应有小水珠,一般每天上午下午各喷雾 2～3次,但每次喷雾量不要过大。第4～6 d短时间少量通风,空气相对湿度保持在85％～90％,一般在中午前后喷雾2～3次即可。第7 d以后不再喷雾,空气相对湿度保持在80％～85％为宜。

3. 光照管理

嫁接后第1～2 d为防止烤苗、减少叶面蒸腾、控制光合作用、促进伤口愈合,苗床全面遮阴,遮阴可用遮阳网、草帘、苇帘等。第3～4 d,上午 8:00—10:00 可以揭开遮阴物,但中午不揭。第5～6 d,中午也可以接受散射光,但如果光线过强,秧苗有出现萎蔫时,也应注意遮阴。第7～8 d后,可去掉遮阴物正常见光,以利于育苗生长发育。

4. 温度管理

嫁接后第1～3 d,为加快伤口愈合,应保持适宜且较高温度,气温白天应保持在25～28 ℃,夜间在18～20 ℃,地温22 ℃以上。第4～6 d后,可适当降温2～3 ℃,特别是夜间气温不宜过高,掌握在15～17 ℃。第7～8 d后,黄瓜第一片真叶开始长大,说明接口已经完全愈合,可进行正常温度管理。

5. 其他管理

(1)断根

对于"靠接"的秧苗,嫁接后接穗仍保留自己根系,在适当时期切断接穗根系,才能成为真正嫁接苗。嫁接第10～15 d后,嫁接接口基本愈合。从接穗外部看,其第一片真叶已展开,在接口以下 0.5～1 cm处下刀断根,一般在下午进行比较好,断根后2～

3 d去掉嫁接夹。

（2）除萌

嫁接第4～5 d后,有些砧木生长点处会萌发新叶和侧芽,要及时用竹签摘除,以免消耗秧苗养分和水分,进而促进接穗生长,一般每隔2～3 d摘除一次。

（3）倒钵选苗

结合摘除砧木萌芽,移动秧苗营养钵位置,扩大营养面积,淘汰萎蔫苗、小僵苗、接穗生根苗。

四、作业与思考

①嫁接黄瓜对砧木有何具体要求？目前有哪些优良砧木？

②怎样确定嫁接黄瓜的砧木和接穗的播种期？

③认真实践黄瓜"靠接"和"插接",总结操作步骤及其技术要点,两周后统计嫁接苗成活率,并写出相应的实践报告。

实践 9　菜园整地、作畦

一、目的及要求

通过实践操作,让学生了解蔬菜田间播种和秧苗定植前的田间准备工作内容和要求,掌握翻地方法、施肥方式、作畦的种类,掌握平整土地、施肥和作畦方法及各种工具的使用。

二、材料与工具

(一)材料

蔬菜种植园(菜园)。

(二)工具

板锄、条锄、耙、铁锹、皮尺、簸箕、有机肥等。

三、实践方法与步骤

(一)菜园整地、作畦内容及要求

土壤是园艺植物生长发育的重要场所,土壤环境条件会直接影响园艺植物的产量和品质。因此在生产过程中要通过整地环节为园艺植物生产创造良好的土壤环境,以保证它们在生长过程中对氧气、温度、矿质营养、水分等条件的要求得到满足。

整地、作畦是播种或移栽定植前进行的一系列土壤耕作措施的总称,主要作业包括浅耕灭茬、翻耕、碎土耙地、施基肥、作畦等。整地后要达到的要求:消灭杂草,清除前茬植物残根或残株,保持种植园干净清洁;翻耕土地使耕作层土壤疏松、透气性好,氧气充足,微生物活动增加,促进有机肥分解,增加土壤肥力,增强保水保肥性能。

(二)整地

1. 浅耕灭茬

浅耕灭茬是翻耕前清除前茬植物根茬、残株、杂草及疏松表土的一项环节,浅耕深度一般为 4～7 cm,若杂草根系盘结紧密或前茬植物根系较深,可适当加深。

2. 翻耕

翻耕即翻地、犁地或耕地,是整地的中心环节,可用旋耕机、圆耙盘、铁锹或条锄等进行。根据翻耕深度可分为浅翻和深翻,浅翻深度 15~20 cm,深翻深度 20~30 cm。根据翻耕季节分为春耕、夏耕、秋耕及播种前翻耕,春耕一般在表土化冻后进行,主要是对秋耕过的地块进行耙地,宜浅耕,深度一般不超过 20 cm。夏耕一般在春茬蔬菜收获后进行,宜浅耕,深度一般为 10~15 cm。秋耕在秋菜收获后进行,由于休闲时间较长,所以宜深耕,深度一般为 20~30 cm。播前翻耕多数是指在播种或定植前进行的平整和耙地,利于后续作畦作业,耕翻深度较浅为宜。

3. 碎土耙地

碎土耙地是翻耕后进行的,翻耕后易形成大土块,另外还可能因地形起伏或翻耕不均,造成园地表面不平整,不利于后续作畦、田间管理等作业,因此需要对其进行碎土耙地,小范围可用锄头、铁锹、平耙完成,如果范围大则可用整耕机进行。

4. 施基肥

(1)基肥种类

基肥也叫底肥,是指生长季短或一、二年生作物播种前,或作物定植前施入土壤中的肥料,以及结合土壤耕作所施用的肥料。基肥以有机肥为主,根据具体情况配合施无机肥和微生物肥。

有机肥俗称农家肥,营养全面,具有增加土壤有机质和改善土壤的理化性质的作用,主要包括人畜粪尿肥、堆肥、沤肥、厩肥、沼肥、绿肥、作物秸秆、饼肥等。

无机肥也叫化学肥料,简称化肥,具有有效成分高、易溶于水、分解快、易被根系吸收等特点,故也称"速效肥",主要包括氮肥、磷肥、钾肥等单质肥料和复合肥或混合肥。无机肥作为基肥主要是对有机肥的补充。常用作基肥的化肥有磷酸二胺、过磷酸钙、硫酸钾等。

微生物肥又称生物肥料、接种剂或菌肥等,是指以微生物的生命活动为核心,使作物获得特定肥效的一类新型肥料,具有增加土壤肥力、刺激和调节作物生长的作用,主要包括根瘤菌肥、磷细菌肥、复合微生物菌肥等。

(2)施用时间

基肥施用一般是在播种或定植前进行,但也分为两个部分:一部分是随土壤翻耕时施入,施入后再进行翻耕作畦,即作畦前施用;另一部分是作畦后施入,施入后与土壤混匀再进行播种或定植,甚至在播种或定植时施用,因此也称种肥。因此施基肥时,可以根据具体情况在翻耕时一次性施入,也可分基肥和种肥两次施用。

(3)施用量

基肥施用量应根据蔬菜种类、物候期、土壤供肥状况、肥料种类、目标产量等确定,目前关于基肥在总施肥量中的比例还没有一致的看法,一般根据生产经验来确定,基肥施用量为总施肥量的 60%~70%。例如,黄瓜施肥以基肥为主,占总施肥量 2/3,每亩(约 667 m²)施腐熟畜禽粪肥 500~1000 kg 或腐熟堆肥 4000~5000 kg、过磷酸钙 25~50 kg 或三元复合肥 15~25 kg,播种或定植前开沟施入;大白菜基肥施用量为腐熟厩肥或堆肥 4000~5000 kg、硫酸钾 15~25 kg,其中 2/3 可结合整地撒施后翻耕,1/3 结合作畦时沟施或穴施。

(4)施肥方式

①撒施。撒施也称普施,在翻耕前将肥料均匀撒施于地表,然后翻耕入土。该方

法简单易操作、劳动强度较小,肥料与耕层土壤均匀混合,能起到很好的改善土壤作用,但用肥量大。适用于施肥量大的密植作物或根系分布广的作物。

②条施。条施是结合整地开沟将肥料条状施入作物播种行附近的施肥方式,该施肥方式下肥料相对集中,应注意肥料的用量不宜太大,以免因局部肥料浓度过高烧种烧苗,适用于条播作物。

③穴施。穴施是配合挖播种穴或定植穴,将基肥施入穴内的施肥方式,比条施更能使肥料集中施用,也比较节肥。适用于点播或移栽作物。

（三）作畦

畦是用土埂、沟或走道分隔成的作物种植小区,作畦在播种或定植前进行的。作畦可以改善土壤温度和通气条件,同时可以调节土壤含水量,便于灌溉和排水,以及日后的田间管理。

1. 畦的类型

常见畦的类型有平畦、低畦、高畦、垄等,作畦应根据当地气候（降雨量）、土壤条件、地下水位、栽培蔬菜作物的种类和品种以及栽培方式选择相应的畦。

（1）平畦

畦面与地面相平,用工少,蒸发量少,保水性强,适宜排水良好、雨量均匀、不需要经常灌溉的地区。南方地区雨水多、地下水位高,不适宜采用平畦。

（2）低畦

畦面低于地面,土壤不易干燥,低温较稳定,利于蓄水和灌溉,适用于雨量少和干旱地区。

（3）高畦

畦面比地面高 10～20 cm,这是长江流域和南方地区常用的畦类型。高畦畦面与空气接触面大、透气良好、日射量多、地温易提升,土壤不易板结,排水方便、防涝抗病,但用工多、蒸发量大、地温昼夜温差较大、土地利用面积减少是其不足之处。适用于降水多、地下水位高,或排水不良的地区。

（4）垄

垄也称窄高畦、马鞍形高畦,是高畦的变型,垄底宽、垄面窄。春季栽培时,地温容易升高,利于蔬菜生长;用于秋季蔬菜生长时,有利于雨季排水,且灌水时不直接浸泡植株,可减轻病害传播。垄适合栽培喜温和深根性蔬菜作物,如萝卜、马铃薯以及大白菜等。

2. 畦的规格与走向

平畦由于没有畦埂,因此也就没有固定规格,便于后续栽培管理即可;低畦一般畦宽为 1.2～1.5 m,畦长为 6～10 m,畦埂底宽 20～30 cm、上宽 10 cm、高 10～15 cm;高畦畦面宽 1.0～1.5 m 或 2.5～3.0 m,畦长为 6～10 m,畦沟宽 40～60 cm;垄高 16～20 cm,底宽 50～80 cm,垄距 60～80 cm,垄长 10～20 m。

畦的走向因季节气候不同而不一样。冬春季节西北风多,太阳偏向南面时间长,日光入射角较大,建畦时以东西走向为宜,有利于作物接受较多光照,同时可减少冷风对作物的危害;夏秋季东南风多,建畦以南北走向为宜,有利于降温,减少高温对作物的危害。

3. 畦的建造

（1）低畦建造

首先平整土地，其次按低畦建造规格用皮尺量好距离，做好画线标记，从标记线左右取土做畦埂，埂要高出畦面 10～15 cm，四周畦埂做好后，可在畦面施入基肥，用锄头将土壤与肥混匀，再用耙将畦面耙平整即可。

（2）高畦建造

首先平整土地，其次按照高畦建造规格用皮尺量出畦宽、畦长、沟宽，并画线做好标记，然后根据画线标记，在畦沟位置取土培到畦面上，使畦面高出地面 10 cm 左右。高畦做好后其横切面为梯形，如有需要可在畦面施入基肥，混匀，再耙平整即可。

（3）垄建造

与畦建造不同，先用皮尺按建造规格量出垄宽和沟宽，做好画线标记，然后在垄沟处施入基肥，将土壤和肥料混匀后，用其培垄，使垄面高出地面 10 cm 左右，完成后垄的横切面为较宽的畦埂。

四、作业与思考

①菜园翻耕的类型和翻耕方法有哪些？

②什么是基肥？蔬菜作物基肥种类和使用方法有哪些？各有什么特点？

③菜园栽培畦的类型有哪些？有什么规格要求？如何建造？

④分析不同蔬菜种类对栽培畦的要求。

实践 10　蔬菜田间直播与秧苗定植

一、目的及要求

了解适合直播的蔬菜种类,掌握几种蔬菜的直播方法;了解蔬菜秧苗定植的优点和基本过程,掌握几种蔬菜的定植技术。

二、材料与工具

(一)材料

试验田、蔬菜种子、蔬菜秧苗。

(二)工具

锄头、铲子、平耙、齿耙、皮尺、簸箕、运苗筐等。

三、实践方法与步骤

(一)田间直播

1. 适合直播栽培的蔬菜种类

田间直播顾名思义就是在做好播前准备工作的大田中,将种子直接播种下去的栽植方式。适合直播的蔬菜种类主要有:①生长期比较短、生长速度比较快、叶片面积较小的绿叶蔬菜,如芫荽(香菜)、菠菜、茼蒿等;②在移栽过程中易伤根,造成肉质根畸形的直根类蔬菜,如萝卜、胡萝卜等;③根系容易老化的一些豆类、瓜类(如南瓜、甜瓜)蔬菜,可以育苗移栽,但为防止根系老化,可选择直播;④叶面积较大,但以采收小菜秧为主的叶菜类蔬菜,如小白菜、上海青等。

2. 播前准备

(1)土地的准备

多数蔬菜根系深度集中在 5～25 cm,因此播种前要对播种土地进行深耕细锄。深耕至 25～30 cm,深耕时施入有机肥和复合肥作底肥,整好土地。然后根据播种的蔬菜植物种类做好大小适宜的播种畦,畦面平整、土壤细碎,叶菜类畦面可以宽些,豆菜可窄些,根菜类适宜起垄栽培,大型萝卜垄高不低于 30 cm。

(2)种子的准备

播种用的种子要经过检验,选择品种纯正、籽粒饱满、发芽率达 85% 以上的种子为播种用种。根据种子千粒重、播种面积大小确定播种用量,可参考表 10-1。播种前还要对种子进行消毒和浸种处理(具体操作见实践 6)。

表 10-1　常见蔬菜种子的参考播种用量

蔬菜种类	种子千粒重/g	直播用种量/(g/亩)
大白菜	0.8～3.2	125～150
小白菜	1.5～1.8	1500
大萝卜	7～8	200～250
小萝卜	8～10	150～250
胡萝卜	1～1.1	1500～2000
芫荽	6.85	2500～3000
菠菜	8～11	3000～5000
茼蒿	2.1	1500～2000
菜豆(矮)	500	6000～8000
菜豆(蔓)	180	4000～6000
豇豆	81～122	1000～1500

3. 播种

(1)播种方式

蔬菜直播的播种方式有撒播、条播、点播,应根据栽培蔬菜种类选择。

①撒播。撒播是将种子均匀地撒于畦面的一种播种方式。撒播的蔬菜种植密度大,单位面积产量高,土地利用率高,但种子用量大,间苗费工,对撒籽技术和覆土厚度要求严格。该播种方式适用于生长迅速、植株矮小的速生菜类,如茼蒿、菠菜、芫荽等。

②条播。条播是按蔬菜作物生长所需行距在畦面开辟条沟,然后将种子均匀播于沟内的播种方式。条播省种,播种深浅一致,行距一致,通风透光良好,植株生长、发育较为整齐,便于中耕除草、培土等田间管理。该播种方式适用于生长期较长或单株占地面积较小或需要多次培土的蔬菜,如大白菜、萝卜、胡萝卜、大葱等。

③点播。点播是指将种子播在规定的穴内的播种方式,也称穴播。点播用种最少,也便于机械化耕作管理,但播种用工多,出苗不整齐,易缺苗。点播适用于植株较大、生长期较长的蔬菜如白菜、南瓜等,以及需要中耕培土的蔬菜如萝卜、马铃薯、芋头等,也适用于种子颗粒较大或需要丛植的蔬菜,如菜豆、豇豆、豌豆等。

(2)播种方法

播种用的种子可分为浸种催芽的湿种子和不浸种催芽的干种子。无论何种类型种子,在播种时根据浇水的先后可分为干播法和湿播法。干播法就是先播种后浇水的方法,湿播法就是先浇水后播种的方法。

①干播。干播时应根据蔬菜的种类和栽培要求选择适宜的播种方式。撒播时先耙平畦面,然后将种子均匀撒于畦面;条播先根据行距开好播种沟,沟的深浅根据种子大小而定,一般在 1～3 cm,然后再将种子均匀撒播在沟内;穴播时先根据行、株距开好播种穴,每穴播种 2～5 粒不等的种子。播种后及时覆土镇压。撒播的可覆盖过筛

的细土,厚度 0.5～1 cm;条播和穴播的可利用沟或穴周围的土壤覆盖,覆土厚度视种子大小而定,一般在 1～3 cm。视季节和土壤干湿程度决定浇水与否。

②湿播。湿播是先在畦、沟、穴内浇水,待水下渗至没有积水后再向畦、沟、穴内播种。播种后覆土镇压,其方法同干播法。用湿播法有利于保墒增温,防止土壤板结,因此适于早春气温低时使用。对于浸种过的种子,特别是已催过芽的种子,更应采用湿播法。

(二)秧苗定植

蔬菜生产除了直播外,还有育苗移栽,即将育好的秧苗移栽到生产田,该过程称为定植。育苗移栽相比直播具有以下优势:①可节省种子,减少种子的投入成本;②育苗可提早播种,提前生长,延长生长期,可充分利用生长季节,调节市场供应;③育苗可使蔬菜苗期相对集中,有利于创造幼苗生长适宜的环境条件,易培养壮苗。生产上适合育苗移栽的有茄果类、瓜类、甘蓝类、白菜类等蔬菜。

1. 定植前准备

(1)整地、作畦

整地、作畦是定植前的必备工作,主要包括浅耕灭茬、翻耕、碎土耙地、施基肥、作畦等工作,具体操作详见实践 9。

(2)秧苗准备

定植所用的秧苗可通过育苗获得,也可直接购买获得。如果是自行育苗获得,在定植前 5～10 d,要减少灌水,适当降温,对秧苗进行炼苗。定植前将秧苗按大、中、小分级,保证每畦秧苗整齐一致,同时淘汰病苗、弱苗、杂苗、伤苗等。

2. 定植时间

早春露地栽培蔬菜应在晚霜期结束后定植,半耐寒蔬菜需要 10 cm 土层,地温稳定在 5 ℃以上;喜温蔬菜需要 10 cm 土层,地温稳定在 10 ℃以上;耐热蔬菜需要 10 cm 土层,地温稳定在 15 ℃以上。秋季栽培以初霜期为界,根据蔬菜所需生长期长短提前定植,例如果菜类可在初霜期前的 3 个月左右定植。

在早春露地进行蔬菜定植时,为了防止低温对秧苗的危害,定植时间应在10:00—14:00;在夏秋季定植时,为了减少高温对秧苗的危害,定植时间选择在傍晚为宜。

3. 定植密度

定植密度应根据定植蔬菜的种类、品种、栽培方式、管理水平以及环境条件而定。爬地生长的蔓性蔬菜定植密度宜小,直立生长或搭架栽培的蔬菜密度可适当增大。对一次采收肉质根或叶球的蔬菜,为提高个体产量和品质,定植密度宜小,而以幼小植株为产品的绿叶菜类为提高群体产量,定植密度宜大。对于多次采收的茄果类及瓜类,早熟品种或栽培条件不良时,定植密度宜大,晚熟品种或适宜条件下栽培时,定植密度宜小。如早熟甘蓝每亩 5000 株,晚熟甘蓝每亩 1500～2000 株,爬地栽培黄瓜每亩 2000 株,搭架栽培黄瓜每亩 4000 株。

4. 定植深度

定植深度与蔬菜种类、定植时间、地下水位高低、土质等有关。黄瓜根系浅、需氧量高,定植宜浅;大白菜根系浅、茎短缩,深栽易烂心;茄子根系较深、较耐低氧,定植宜深。土质过于疏松、地下水位偏低的地方,则应适当深栽,以利保墒。如果土质较黏重则宜浅栽。定植深度一般以土坨和地表相平或稍加深一些为宜。

5. 定植方法

在定植畦上按确定的行株距,挖好定植沟或定植穴,取苗定植。营养钵育苗的,用一只手压住营养钵中的土坨,翻转营养钵,另一只手挤压营养钵的底部,取出土坨后定植。根据定植时浇水的先后,可分为明水定植和暗水定植两种。明水定植时,按定植蔬菜种类的株行距大小开穴或开沟,把秧苗栽植在定植沟或定植穴中,覆土压紧,种植完及时浇水。待水全部渗下后,间隔几小时,在定植畦的表面覆盖一层 0.3~0.5 cm 厚的细干土。暗水定植则是先在定植沟或定植穴中浇水,待水渗下后,把秧苗放入定植沟或定植穴内,再覆土栽苗。明水定植省工省时,暗水定植可防止土壤板结,有保墒、促进幼苗发根、减少土壤降温、加速缓苗等作用。

四、作业与思考

①请列出适宜直播的蔬菜种类,总结直播蔬菜的播种过程,并写出实践报告。

②请总结生产上 3 种播种方式的优缺点。

③分析蔬菜定植时要考虑的主要因素、定植技术要点以及两种定植方法的差异。

实践 11　常见蔬菜肥、水管理

一、目的及要求

了解不同种类蔬菜需肥特点及需水规律,掌握不同种类蔬菜肥、水管理技术。

二、材料与工具

(一)材料

各类蔬菜,水,以及各类肥料,如有机肥、无机肥、微生物菌肥等。

(二)工具

铁锹、锄头、簸箕、运肥工具、浇水工具等。

三、实践方法与步骤

(一)蔬菜需肥特性

蔬菜是高度集约化栽培的作物,其生长发育特性和产品收获器官各有差异,但在需肥方面有以下几点共同特性。

1. 需肥量大

蔬菜需肥量大是由蔬菜产量高、生物产量大所决定的,蔬菜属喜肥作物,需肥量是一般粮食作物的几倍甚至十几倍,如一般蔬菜对氮(N)、磷(P)、钾(K)、钙(Ca)、镁(Mg)的平均吸收量比小麦分别高 4.4、0.2、1.9、4.3、0.5 倍。

2. 吸肥能力强

蔬菜根部的伸长带(根毛发生带)在整个植株中的比例一般高于大田作物,该部位是根系中最活跃的部分,其吸收能力和氧化能力强。大多数蔬菜的根系阳离子代换能力强,因此吸肥能力强。

3. 喜硝态氮肥

氮肥分为铵态氮肥和硝态氮肥两类,蔬菜对硝酸钠、硝酸钾、硝酸钙、硝酸铵等硝态氮肥特别偏爱,吸收量高,对碳酸氢铵、硫酸铵、尿素等铵态氮肥的吸收量小。土壤中铵态氮肥供应过量时,会使蔬菜生长受到不同程度的影响,在蔬菜生产中要适当控制铵态氮肥的用量和比例,铵态氮肥用量一般不超过氮肥总量的1/3。

4. 对钙的吸收量大

由于蔬菜对硝态氮肥吸收量大,在体内形成的草酸多,钙丰富时,蔬菜体内易形成草酸钙,避免蔬菜因草酸高而受害,引发果实脐腐等生理病害。另外蔬菜根系的阳离子代换量高,因钙为二价阳离子,所以钙的吸收也必然较高。缺钙时会导致蔬菜产生生理病,如西红柿缺钙导致脐腐病,大白菜、甘蓝(珠白)缺钙会引起"干烧心""干烧边"等生理病害。所以蔬菜是喜钙作物,有的蔬菜体内含钙量可高达干重的 2%～5%。

5. 对钾的需求量大

大多数蔬菜在生长发育中后期,尤其是瓜类、豆类、茄果类蔬菜进入结荚结果期后,对钾的吸收量会明显增加。在该时段,供肥应注意增加钾肥的比例。通常情况下,多数蔬菜的需钾量应是氮供应量的 1.5～2 倍。

6. 对缺硼敏感

多数蔬菜作物的含硼量是水稻、小麦、玉米等粮食作物的几倍甚至几十倍。蔬菜是喜硼作物,若缺硼,可导致芹菜茎裂病、甘蓝褐腐病、萝卜褐心病等生理性病害,严重缺硼还会导致瓜类作物生长点坏死或无顶芽、无花芽等现象发生。

7. 对基肥要求高

蔬菜的根系浅、产量高,决定了蔬菜栽培要求有机质含量高的土壤,含有机质 1.5%～2% 的或更高含量的土壤才能满足蔬菜的生长发育要求。因此大量施用有机质含量高的基肥,对于蔬菜特别重要,要年年施,无可代替。

(二)蔬菜需水特性

蔬菜产品柔嫩多汁,许多产品组织含水量达 90% 以上,缺水不仅影响蔬菜作物的光合作用,还影响产品器官品质。不同蔬菜的需水特性不同,根据蔬菜需水的多少和根系吸水能力的大小可以分为 5 类,生产上应根据不同蔬菜的需水特性进行相应的水分管理。

1. 水生蔬菜

水生蔬菜根毛退化、根系不发达,叶子又很大,消耗水量最多,部分或全部植株必须浸没在水中才能存活,如藕、茭白、荸荠等。

2. 湿润性蔬菜

湿润性蔬菜叶面积大、耗水多且根层浅,吸收力弱,对土壤和空气湿度要求较高。如黄瓜、白菜、芹菜、莴苣、菠菜及一些生长快的绿叶菜类,必须经常灌水。

3. 半湿润性蔬菜

半湿润性蔬菜叶面积较小,组织粗硬,常有绒毛且根系较发达,对土壤和空气湿度要求不高。如番茄、茄子、豆类、根菜类等,这类蔬菜开花坐果后,必须经常灌水。

4. 半耐旱性蔬菜

半耐旱性蔬菜叶片呈管状或带状,叶面积小,常覆盖蜡质,水分消耗少,但根系入土浅、分布小,要求土壤湿润、空气湿度小,如葱蒜类和石刁柏等,栽培中需要经常浇水。

5. 耐旱性蔬菜

耐旱性蔬菜虽然叶片大,但有裂刻及茸毛,且根系强大,吸水能力强,对土壤水分需求少,空气湿度也不宜太高,如西瓜、甜瓜、南瓜等。栽培过程中如果浇水过多、空气湿度大,会导致含糖量低、品质差。

（三）常见不同种类蔬菜肥、水管理

1. 叶菜类肥、水管理

（1）叶菜类蔬菜肥分管理

叶菜类又分为两大类，即结球叶菜类和绿叶菜类。

①结球叶菜类。结球叶菜类是以叶球为食用器官的一类蔬菜，包括大白菜、结球甘蓝等。结球叶菜类蔬菜生育周期分营养生长期和生殖生长期，营养生长期又分为发芽、幼苗期、莲座期、结球期、休眠期等几个时期。不同生长期，其需肥量不同：结球前，由于植株生长量小，吸收氮、磷、钾的数量也比较少，以吸收氮最多，钾次之，磷最少；结球后，由于生长量增大，养分吸收量也迅速增加，以吸收钾最多，氮次之，磷最少。整个生长期中吸收钾最多，氮次之，磷最少，氮、磷、钾的吸收比例为（2～3）∶1∶（3～4），除了对氮、磷、钾的需求量较高外，需钙量也比较高，是典型的喜钙作物。

结球叶菜类蔬菜施肥应根据各个生育阶段的营养特点和需肥特性，在施足基肥的基础上，适时、适量地追肥。以大白菜为例：一般每亩施腐熟堆肥或厩肥 4000～5000 kg、过磷酸钙 15～25 kg、硫酸钾 15～20 kg 作为基肥，其中 2/3 可结合翻耕撒施，1/3 做畦后沟施；之后再进行 4～5 次追肥，幼苗期结合浇水追施发酵腐熟稀薄粪水或 0.5%尿素；莲座期结合中耕除草每亩追施尿素 10 kg、过磷酸钙 10 kg、硫酸钾 5～10 kg；结球前期每亩施尿素 10 kg、施过磷酸钙和硫酸钾各 10～15 kg；结球中期可叶面喷施0.3%～0.5%磷酸二氢钾 2～3 次，以利于结球形成。

②绿叶菜类。绿叶菜类是以柔嫩的叶片、叶柄或茎部为食用器官的一类蔬菜，主要有菠菜、莴苣、芹菜、苋菜、蕹菜、茼蒿、小白菜等，这类蔬菜的特点是个体小，根系浅，生长期短，生长速度快，种植密度大，对土壤和肥、水要求较高，对氮素的吸收量最大。如菠菜，每 1000 kg 菠菜吸收氮 2.48 kg、磷 0.86 kg、钾 2.29 kg。

绿叶菜类根系分布浅，在施基肥基础上，要追施充足的速效肥，一般以氮肥为主，兼施磷、钾肥。以菠菜为例，目标产量为 2000～2500 kg/亩，每亩施腐熟农家肥2000～2500 kg、尿素 3～4 kg、磷酸二铵 7～9 kg 或过磷酸钙 20 kg、50%硫酸钾 5～7 kg 为基肥，在生长旺盛期，每亩追施尿素 13～16 kg、硫酸钾 6～8 kg，分 2～3 次追施。

（2）叶菜类蔬菜水分管理

①结球叶菜类。结球叶菜类蔬菜发芽期、幼苗期根系不发达，吸水能力弱，幼苗期极易因高温干旱而发生病害，故应小水勤浇，降低地温，促进根系的生长，土壤湿度宜保持在 80%～90%之间；莲座期应适当浇水，避免水分过多引起徒长，影响根系下扎和包心，土壤湿度宜保持在 70%～80%之间；结球期必须保证土壤水分充足，土壤湿度宜保持在 85%～95%之间，避免忽干忽湿，造成叶球开裂；结球后期到采收期，适当控制水分，少浇水，防止叶球开裂，利于收获贮藏。

②绿叶菜类。绿叶菜类一般栽植密度大，蒸腾面积大，加上根系浅、吸收能力弱，所以需要经常保持土壤湿润。播种时充分浇水，保证出苗快而整齐；幼苗期土壤不能过干、过湿，掌握"少浇勤浇"原则，避免徒长或出现"小老苗"；营养生长盛期（发棵期），植株生长快速，要求水分充足。

2. 茄果类肥、水管理

(1)茄果类蔬菜肥分管理

茄果类蔬菜是指茄科植物中以浆果为食用器官的一类蔬菜,如辣椒、番茄、茄子等,该类蔬菜发育期可分为发芽期、幼苗期和开花结果期。不同种类茄果类蔬菜,其吸肥量不同。如每生产 1000 kg 商品番茄需氮(N)2.1~3.4 kg、磷(P_2O_5)0.7~1.0 kg、钾(K_2O)3.7~5.3 kg、钙 2.5~4.2 kg、镁 0.4~0.9 kg,吸收量的大小顺序为:K>N>Ca>P>Mg。辣椒每生产 1000 kg 产量时需氮(N)3.5~5.5 kg、磷(P_2O_5)0.7~1.4 kg、钾(K_2O)5.5~7.2 kg、钙 2.0~5.0 kg、镁 0.7~3.2 kg。

茄果类蔬菜根系发达,植株生长迅速,生长量大,生长周期长,且多次采收,因此对土壤肥、水要求高。另外这类蔬菜施肥应该注意两个特点:一是苗期肥要足,比例适当,培育大壮苗,苗的质量直接关系到早熟及高产;二是生长中后期营养生长与生殖生长同时进行,供肥要既能满足营养生长的需要,又不使营养生长过旺而抑制生殖生长。因此茄果类蔬菜施肥分为苗床肥、基肥和追肥。

以番茄为例,每平方米苗床床土施腐熟的有机肥 5 kg 左右、硫酸铵 1 kg、过磷酸钙 0.7~7 kg、硫酸钾 0.2 kg;结合整地每亩施腐熟有机肥 5000~7000 kg、硫酸铵 15~20 kg、过磷酸钙 40~50 kg、硫酸钾 10~15 kg;定植后 5~6 d 追一次"催苗肥",每亩施尿素 4.3~6.5 kg;第一果穗开始膨大时,追施"催果肥",可施尿素 6.5~8.7 kg;进入盛果期后,当第一穗果发白,第二、三穗果迅速膨大时,追肥 2~3 次,每次施尿素 6.5~8.7 kg、过磷酸钙 9~14 kg、硫酸钾 2.6~4 kg;进入盛果期以后,根系吸肥能力下降,可进行叶面喷肥,如 0.3%~0.5%尿素、0.5%磷酸二氢钾和 0.1%硼砂等,有利于延缓衰老,延长采收期。

(2)茄果类蔬菜水分管理

茄果类蔬菜耐旱忌涝,水分过多则病害发生严重。在水分管理上,主要掌握以下几点:①定植前,苗床控水炼苗,提高秧苗抗逆能力;②定植后浇足"压根水",使松散土粒与根系密接,以尽快恢复对水分和养分的吸收,提高成活率;③缓苗走根时,适当控制水分,促进根系深扎土层,避免地上部分徒长,促进植株健壮;④开花结果初期,只需适量浇水,提高前期坐果率;⑤开花结果中期,大量挂果后必须及时提供充足水分,保持土壤湿润,否则会影响产量和质量。一般在连续晴天下,每星期浇水一次,使土壤中相对湿度保持在 80%左右,以满足果实发育需求。浇水方式上,前期宜浇灌,中后期可采用沟灌,灌水深度依据植株生育进程由浅到深,但决不能漫灌,并要求速灌速排。

3. 根菜类肥、水管理

(1)根菜类蔬菜肥分管理

根菜类是以肥大直根为食用器官的一类蔬菜,主要包括萝卜、胡萝卜、大头菜等。根菜类蔬菜从种子萌发到肉质根形成分为 4 个时期:发芽期、幼苗期、叶片生长盛期(又称莲座期或肉质根生长前期)、肉质根生长盛期。发芽期对肥料的吸收量小。幼苗期肥料的吸收量大大增加,以氮为多,其次为钾,磷最少。叶片生长盛期对氮、磷的吸收量比幼苗期增加 3 倍左右,对钾的吸收量比幼苗期增加 6 倍左右。肉质根生长盛期肉质根的生长量为肉质根总体积的 80%,吸收的氮、磷、钾量为总量的 80%以上,该时期吸收以钾最多,其次为氮,磷最少。根菜类蔬菜生长期需肥量大,要求氮、磷、钾要均衡供应,不宜偏施氮,应重视钾肥、磷肥的施用。一般情况下:每亩萝卜需氮 20 kg、磷 10 kg、钾 20 kg;胡萝卜短根型需氮 15 kg、磷 10 kg、钾 12 kg,胡萝卜长根型需氮 16～18 kg、磷 12～14 kg、钾 16～20 kg。

根菜类蔬菜施肥"基肥为主,追肥为辅",一般基肥占总施肥量的 70% 左右。通常每亩萝卜撒施腐熟厩肥 2500～3000 kg、草木灰 50 kg、过磷酸钙 50 kg 或复合肥 30 kg,随翻耕施入土中;在定苗后结合中耕除草,每亩追施尿素 7.5～10 kg,在肉质根生长盛期每亩施完全复合肥 25～30 kg;也可进行叶面施肥,在萝卜"露肩"时每 7 d 喷施 2% 过磷酸钙 1 次,在肉质根生长盛期喷施 0.3%～0.5% 磷酸二氢钾。每亩胡萝卜施腐熟厩肥 2500～3000 kg、过磷酸钙 15～20 kg、钾 25 kg 做基肥;追肥 2～3 次,第 1 次追肥在定苗后,每亩施硫酸铵 7.5 kg、氯化钾 3～3.5 kg、过磷酸钙 3～3.5 kg,以后每隔 20～25 d 进行第 2、3 次追肥,每次每亩追施复合肥 25～30 kg。

（2）根菜类蔬菜水分管理

根菜类蔬菜肉质根既不耐涝,又不耐干旱。土壤干旱,肉质根发育不良,肉质粗糙,辛辣味和苦味增加;土壤水分过多,也会影响肉质根发育,易导致肉质根因缺氧变黑甚至腐烂。以萝卜为例,播种时要充分灌水,保持土壤湿润,保证出苗快且整齐;幼苗期苗小根浅,要掌握"少浇勤浇"的原则,保证幼苗出土后正常生长;叶片生长盛期叶面积增大,需水量增大,要适量灌溉,不能浇水过多,以防地上部徒长,掌握"地不干不浇,地发白才浇"的原则;肉质根生长盛期要均匀灌水,使土壤相对含水量维持在 70%～80%,避免忽干忽湿,造成裂根;肉质根生长后期至采收前期,适当灌水,防止肉质根空心,提高耐贮藏能力。

4. 瓜菜类肥、水管理

（1）瓜类蔬菜肥分管理

瓜类蔬菜是指葫芦科中食用部分为瓠果的一类蔬菜,主要包括黄瓜、南瓜、冬瓜、西葫芦、丝瓜、苦瓜等,该类蔬菜生长发育期可分为发芽期、幼苗期、抽蔓期、开花结果期。瓜类蔬菜由于茎叶繁茂,开花结果期长,产量高,因此对矿质养分要求高,但不同种类及其不同生长期对矿质养分要求不同。如黄瓜需要多种矿质元素,前期对氮素要求较高,以后对钾吸收增多,整个生长发育期不能缺少磷。每生产 1000 kg 黄瓜需吸收氮 2.8 kg、磷 0.9 kg、钾 3.9 kg、钙 3.1 kg、镁 0.7 kg。南瓜前期氮肥不宜过多,易造成徒长,影响早期产量,整个生长发育期对钾需求量最高,氮次之,钙居中,镁、磷最少,每生产 1000 kg 南瓜需氮(N)3.92 kg、磷(P_2O_5)2.13 kg、钾(K_2O) 7.29 kg。

瓜类蔬菜除黄瓜外,其他种类都具有发达的根系,生长期一般较长,其间缺肥必会影响开花结果,因此必须重视基肥的施用。基肥的施用量一般依有机肥的种类以及土壤养分状况而定,一般每亩可施腐熟优质有机肥 3000～5000 kg,过磷酸钙 30～50 kg 或三元复合肥 15～25 kg。瓜的种类较多,不同瓜类吸肥量差异也大。如黄瓜追肥量不能太大,追肥次数要多,要掌握好"少吃多餐"原则,一般在开花后每隔 10 d 追肥 1 次,每亩施三元复合肥 10～15 kg,结果时增至 15～20 kg。苦瓜根系发达,耐肥不耐瘠薄,施肥遵循"施足基肥,轻施苗肥,开花结果重追肥"的原则。定植时每亩施腐熟优质有机肥 3000～5000 kg、三元复合肥 15～30 kg 作为基肥,开花结果期重施 1～2 次重肥,每亩施复合肥 40～50 kg、过磷酸钙 20～30 kg,之后每采收 1 次追 1 次肥,每亩施腐熟人畜粪肥 500～700 kg、尿素 3～4 kg,以延长采收期,提高产量和质量。

（2）瓜类蔬菜水分管理

瓜类蔬菜作物茎叶繁茂,结果多,生长期长,除了对矿质养分要求高,对水分要求也高。除丝瓜外,瓜类根系对氧气要求较高,土壤不能过于湿润。黄瓜根系分布范围小,吸收能力差,喜湿但不耐涝,适宜土壤水分为田间最大持水量的 80%～90%。南瓜根系发达,有很强的耐旱能力,但南瓜叶片大,茎叶繁茂,蒸腾量大,土壤和空气湿度低,易造成植株萎蔫,影响生长发育,导致果实畸形,但湿度过大,易发生徒长。因此空气相对湿度宜保持在 80% 左右,土壤湿度保持在田间最大持水量的 70%～80% 为宜。冬瓜喜湿、怕涝、耐旱,根系代谢旺盛,对氧气需求量大,长期浇水会导致植株死亡,要求土壤湿度为最大持水量的 60%～80%,适宜空气湿度为 50%～60%。

5. 豆菜类肥、水管理

（1）豆类蔬菜肥分管理

豆类蔬菜是以嫩豆荚和鲜豆粒为食用器官的一类蔬菜,主要包括菜豆、豇豆、豌豆、蚕豆、毛豆等。豆类蔬菜的生长特点是根瘤菌能固氮,可部分解决生长所需的氮素,与其他种类蔬菜相比所需氮量较低,但仍需要大量的矿质元素,除氮、磷、钾、钙、镁、铁、硫外,还需要硼、锰、铜、锌、钼等微量元素。磷、钾能促进根瘤菌固氮;钙对种子发育有重要作用;钼有助于固氮和提高叶绿素含量,因而增强光合作用;硼有促进结实的作用。

根据豆类蔬菜的需肥特点,应多施有机肥,配合施用化学肥料。通常每亩施腐熟农家肥 1000～1500 kg、过磷酸钙 25～50 kg、草木灰 50～100 kg 作基肥。掌握“花前少施、花后多施、结荚盛期重施”的追肥原则,在开花结荚时追肥和根外追肥,一般每亩施三元复合肥 25～50 kg 或过磷酸钙 15～20 kg,混合尿素 5～10 kg,结荚期还可配合叶面喷施 0.2%～0.5% 的磷酸二氢钾,加 0.1% 硼砂和 0.1% 钼酸铵 2～3 次。

（2）豆类蔬菜水分管理

豆类根系发达,喜湿怕涝,较耐旱,土壤相对湿度宜为 60%～70%。豆类蔬菜对水分敏感,尤其是花期,土壤积水会造成花粉减少,影响授粉,积水时间过长易造成落花、落荚。所以,浇水时应注意水量,以浇小水为主,切忌大水漫灌。豆类蔬菜苗期应该严格地控制水量,浇透底水和缓苗水后,尽量不浇水或者少浇水;进入盛果期以后应减少浇水,防止落花落荚。

6. 薯芋类肥、水管理

（1）薯芋类蔬菜肥分管理

薯芋类蔬菜是以含碳水化合物的地下变态器官(块茎、根茎、球茎、块根)供食用的陆生蔬菜,主要包括马铃薯、山药、芋、生姜、豆薯等。薯芋类蔬菜除了豆薯用种子繁殖外,其他均利用营养器官进行无性繁殖。薯芋类蔬菜在生长过程中,一般是先形成旺盛的地上部分,然后才有地下变态食用器官的迅速膨大和充实。所以在生长前期要有充足的氮肥,保证地上茎叶的生长;在生长的中后期要保证钾肥的充分供应,以利于碳水化合物向地下变态器官运转,促进其产品细胞分裂增大和淀粉积累。矿物质营养中吸收最多的是氮、磷、钾,尤其是钾和氮,如每生产 1000 kg 马铃薯需氮 5～6 kg、磷 1～3 kg、钾 12～13 kg,每生产 1000 kg 芋需氮 5～6 kg、磷 4～4.2 kg、钾 8～8.4 kg。

基肥的施用是薯芋类蔬菜获得高产的关键。一般每亩可撒施腐熟农家肥2000~4000 kg、三元复合肥15~20 kg,随翻耕施入土中;或作畦后开沟集中施入,然后再覆土种植。追肥时应根据不同薯芋类蔬菜的生长规律及养分吸收特点进行。如生姜一般在苗高13~16 cm时追施一次提苗肥,每亩施硫酸铵10 kg;苗有1~2次分枝时,施壮苗肥,每亩施复合肥15 kg;进入旺盛生长期时,每亩施复合肥25~30 kg。山药第1次追肥是在出苗1个月左右,每亩施复合肥20~40 kg,第2次是在植株现蕾时,每亩施复合肥20~30 kg。

(2)薯芋类蔬菜水分管理

薯芋类蔬菜产品器官都在土壤中膨大形成,要求土壤疏松透气,因此除芋外均不耐湿,但不同种类薯芋类蔬菜对水分要求不同。如马铃薯播种后应保持土壤湿润,幼苗期适宜土壤湿度为田间最大持水量的50%~60%,现蕾到开花要求土壤供水充足、均匀,始终保持湿润状态,土壤含水量以田间最大持水量的70%~80%为宜。芋喜湿忌干旱,无论是水芋或旱芋都喜欢湿润的土壤环境,除水芋栽于水田外,旱芋也应选择湿地栽培,生长旺盛期及球茎形成发育时期需要充足水分,应及时灌溉,高温季节灌溉应在早、晚进行,避免中午灌溉伤根。姜为浅根性作物,不耐旱。播种后出苗前浇水2~3次,以利于出苗;苗期需水量不大,以浇小水为宜;干旱炎夏,应浇水降温,选择早春或傍晚沟灌,灌后即排;雨季及时排水,防止积水造成姜块腐烂;秋凉后进入生长盛期,需水量大,应经常保持土壤湿润。

7. 葱蒜类肥、水管理

(1)葱蒜类蔬菜肥分管理

葱蒜类蔬菜是以嫩叶、假茎、鳞茎或花薹为食用器官的一类蔬菜,因其具有辛辣气味,也称香辛类蔬菜,主要包括洋葱、大蒜、大葱、香葱、韭菜等。葱蒜类蔬菜根系浅,对土壤肥、水吸收能力弱,因此对肥、水的管理必须严格,应针对不同种类葱蒜类蔬菜科学施肥。如大蒜喜肥、耐肥,一般每亩施腐熟农家厩肥2000~3000 kg、饼肥80~100 kg、三元复合肥25~35 kg作为基肥,结合翻耕施入土中;出苗后15 d左右,每亩施氮肥10 kg作催苗肥;心叶和根系开始生长时每亩施氮肥10~15 kg;生长旺盛期,生长量和需肥量先后达高峰期,每亩施三元复合肥25~30 kg或腐熟农家厩肥1000~2000 kg;蒜头开始膨大后,不宜施肥过多、过浓,以免鳞茎腐烂,可叶面喷施0.2%磷酸二氢钾。韭菜在施足基肥基础上,秋季定植后,严寒以前每亩施尿素10~15 kg,以促生长;第2~3年后,每年多次收割,每收割1次,待新叶长出3~4 cm时追1次重肥,每亩施硫酸铵15~20 kg或腐熟农家肥400 kg。

(2)葱蒜类蔬菜水分管理

葱蒜类蔬菜根的共同特点是须叶面上有蜡质,较耐旱,但根系入土浅,分布范围小,吸水能力差,喜湿润土壤。所以一般生产条件下,小苗能耐旱;旺盛生长时,因生长量大,需要良好的水分供应,要浇水,保持土壤湿润;鳞茎长足后,水分需求量明显减少,雨水多时要及时排水,以利于鳞茎贮藏。

8. 花菜类肥、水管理

(1)花菜类蔬菜肥分管理

花菜类蔬菜是以花球为食用器官的一类蔬菜,包括花椰菜和青花菜(西蓝花)。花椰菜和青花菜整个生产过程中,以氮素营养为主,特别是莲座叶生长盛期,需要充足的氮。花芽分化和花球形成过程中,除氮外,还需要较多的磷、钾。由于产品器官是花球,故对钼、硼等元素十分敏感,缺硼易导致花球中心开裂,花球褐变、味苦;缺钼则叶片鞭状卷曲,生长迟缓。

花椰菜和青花菜因品种的生育期和栽培季节不同,对基肥的种类和数量要求不同。早熟品种夏秋高温季节栽种,生育期短,应以基肥为主,基肥以速效氮肥为主,每亩施腐熟粪肥 1500 kg,或氮素化肥和腐熟农家堆肥混合施用 1000～1500 kg。中晚熟品种生育期长,除基肥外,还应增施追肥,基肥每亩可施腐熟厩肥 2500～5000 kg,或粪肥 1500～2000 kg、过磷酸钙 15～20 kg、草木灰 180 kg。另外,在追肥方面,早熟品种在缓苗后和莲座期追肥 2 次,中、晚熟品种在初显花蕾时还要重施追肥 1 次,每亩施复合肥 20～25 kg,并配合进行 1～2 次根外追施 0.1‰硼酸与钼酸铵溶液。追肥种类方面,一般第 1 次追肥以氮肥为主,每亩可施尿素 10～15 kg、硫酸铵 15～20 kg 或腐熟厩肥 1500～2000 kg 等,以后追肥可用复合肥、草木灰、钾肥等。

（2）花菜类蔬菜水分管理

花椰菜和青花菜喜湿润,耐旱、耐涝能力都较弱,对水分要求较严格。由于植株高大、生长旺盛,整个生长期都要有充足水分供应,特别是莲座期和花球形成期更不能缺水。但生长期水分过多也会影响根系生长,严重时会引起植株萎蔫,甚至死亡。因此在干旱地区或干旱季节,要经常灌溉;在多雨地区或多雨季节要做好排水工作,切忌积水。

四、作业与思考

①总结各类蔬菜的肥水吸收特点及肥水管理技术要点,并写出总结报告。

②请选取 2～3 种蔬菜,分别为其设计不同施肥量或不同施肥比例或不同施肥次数,实践后分析它们对其产量的影响,并写出实践报告。

实践 12　常见蔬菜植株调整

一、目的及要求

了解蔬菜植株调整的意义和作用,掌握常见蔬菜作物植株调整技术。

二、材料与工具

(一)材料

蔓生、半蔓生蔬菜,如瓜类、豆类、茄果类等蔬菜以及甘蓝类蔬菜。

(二)工具

竹竿、细木棍等架材,稻草、塑料绳,剪刀等。

三、实践方法与步骤

每一株蔬菜植株都是一个整体,植株上任何器官的消长都会影响其他器官的消长。在蔬菜生产中,人为地采取整枝、摘心、打杈、摘叶、束叶、疏花、疏果、支架、引蔓、绑蔓、压蔓、落蔓等措施,以调节植株生长发育进程、调整株型、改善群体通风透光条件,从而促进形成更多、品质更佳的食用器官,就叫作植株调整。植株调整的作用:①平衡营养器官和生殖器官的生长;②改善蔬菜群体通风透光条件,提高光能利用率;③有利于合理密植,提高单位面积株数;④增大个体,提高品质,促进早熟;⑤减少病虫害和机械损伤。

(一)番茄植株调整

1. 整枝
(1)单干整枝

单干整枝只保留主干,陆续摘除打掉(即打杈)所有侧枝,待主干也有一定果穗数时摘心(即打顶)。打杈时不宜从基部掰掉,一般应留一片叶,以防损伤主干。摘心时不宜靠近果穗,一般在最后一穗果的上部留 2~3 片叶。单干整枝法使得植株枝叶少,适于密植,早期产量和总产量大、果型大,适合早熟栽培和栽培季节短的地区。根据定植密度和单株留果数,单干整枝法可分为三种类型:

①中度密植:每亩定植 3500~5000 株,每株留 2~4 穗果,这是目前生产中最常用的形式。

②高度密植：每亩定植 8000 株左右，每株只留 1 穗果，该种形式虽然用苗量很大，但提早成熟，采收集中，前期产量较高，经济效益较高，是目前冬春季保护地早熟栽培中可以采用的形式。

③适当稀植：每亩定植 2500～3000 株，每株留 5～10 穗果，该种形式对品种要求比较严格，生产上称为高架番茄栽培。这是露地越夏栽培可以采用的形式，日光温室冬春茬越夏延秋即全年栽培也可采用这种形式。

（2）双干整枝

双干整枝是除留主干外，还选留一个侧枝（第一花序下侧枝）作为第二主干，为结果枝，与原主干并列双干，将其他侧枝及双干上的再生枝全部摘除。双干整枝的双干管理即所留第二个结果枝的管理，与单干整枝法的管理相同。双干整枝适用于生长期长、生长势强，种子价格很高的中晚熟品种和搭架栽培。双干整枝的早期产量虽不如单干整枝，但根系发达，植株强壮，抗逆性强，节约用苗。

此外，整枝方式还有三干式、四干式等，即在主干上留 2～3 个侧枝结果。这样虽然单株着生的果实较多，但单株的营养面积大，在管理上需要较大量的肥、水及较高的栽培技术，在生产上很少采用。

2. 打杈

番茄侧芽的萌发力强，打杈就是把除应保留侧枝以外的其余侧枝及时摘除，如果任其生长，会对产量造成很大影响，因此在生长过程中打杈是一项经常性的工作。打杈要视苗情掌握好时间，植株长势较弱，可适当晚些打杈，让侧枝叶面也多制造些营养，促进果实膨大。第一次打杈应掌握在侧枝 6 cm 左右时进行，侧枝长得太大时打杈，不仅会浪费营养，还会造成大伤口，不易愈合。第一次打杈后，见杈就应及时打掉。

3. 摘心

摘心也称为闷尖、打顶。当番茄植株长到原预定的果穗数时，就应该摘除顶芽，使其不继续向上生长，把营养和水分集中在果实的膨大和生长上。摘心的具体时间应定在预定的最后一个花序出现后上面又长出 2～3 片叶时，将顶端的生长点摘除。秋季露地栽培为了保证早霜前番茄果实充分膨大、成熟，每株一般留 2～3 穗果摘心。番茄摘心以后更易发生侧枝，应注意及时打杈。

4. 疏花

每一果穗上的花数较多，但实际留果是有限的，大果型的番茄品种一般每穗只留 3～4 个果，其余的花就属多余的。为了保证已留果实的生长，保证果实大小均匀，提高品质，可将多余的花朵疏掉。

5. 摘叶

摘叶是摘除基部病叶、老叶、黄叶，减少呼吸消耗，改善通风透光条件。当番茄生长到中后期时，植株基部叶片已衰老，光合能力极弱，枯黄的叶片甚至失去了同化功能，将这些衰老叶片及时摘除，可改善植株通风透光性，降低病害发生和蔓延的可能性。一般在采收完第一穗果后，番茄就进入了中后期管理，可以开始摘叶。

（二）茄子植株调整

1. 整枝

茄子主茎直立，分枝结果习性有规律。主茎早熟品种 6～8 片叶、晚熟品种 8～9

片叶时,顶芽分化形成花芽,紧邻花芽的两个腋芽抽生两个侧枝,侧枝每隔 2～3 片叶又重复形成双叉分枝,每次分枝着生 1 朵或 2～4 朵花。这样先后在第 1、2、3、4 次分枝口形成的果实分别称为"门茄""对茄""四门茄""八面风",第 5 层以上开花数增加,结果数难以统计,则称为"满天星"。为改善通风透光条件,当"对茄"坐果后,把"门茄"以下侧枝去除。

2. 摘叶

当"门茄"长至 4～5 cm 大小时,除去"门茄"以下老叶,当"四门茄"长至 4～5 cm 大小时,除去"对茄"以下老叶、黄叶、病叶以及过密的叶和纤细枝。

(三)黄瓜植株调整

1. 支架与引蔓

黄瓜进入结果期前,秧蔓开始匍匐生长,必须支架并引蔓上架,使单株占地面积减小,提高田间群体枝叶密度,从而提高群体产量。一般在黄瓜蔓长到 25～30 cm 时即可引蔓上架,不宜过晚,否则会因为黄瓜蔓过长相互缠绕,引蔓时易拉伤茎蔓叶和花蕾。

露地栽培黄瓜通常支"人"字架,架高 2 m 左右。保护地栽培黄瓜支架通常是篱壁架,或用塑料绳吊架。篱壁架是将架材(竹竿、细木棍、树枝等)在株旁按栽培行列相向斜插架竿,编成上下交叉的篱笆,然后引蔓上架。吊架是将塑料绳系在植株基部,绳的另一端固定在植株上方的设施上。引蔓上架时,用绑绳每隔 3～5 叶绑一道,将瓜秧绑到架材上。吊蔓引蔓时,只需每隔 3～5 叶将瓜的秧蔓与吊绳绕上几圈即可。

2. 打杈

嫁接黄瓜或有些类型的品种生长势特别强,雄花很多,卷须粗而长,侧枝萌发力强,如果任其生长,会消耗大量的养分,应及时除去。对于早熟品种或为了早熟栽培目的,一般 12 节以下的侧枝应及时去掉,12 节以上侧枝应根据植株长势及通风透光情况适当保留。打杈时一般保留两片叶子,同时还要适当疏花疏果并摘除卷须。

3. 摘叶

当黄瓜进入生长中后期时,下部叶片黄化、残破甚至得病,应及时将黄化病残叶摘除。这样一方面可减轻病害传播,另一方面可减少水分蒸腾和养分消耗。

4. 落蔓

保护地栽培黄瓜生育期可长达 8～9 个月,甚至更长,茎蔓长度可达 6～7 m,甚至 10 m 以上。为保证茎蔓有充分的生长空间,需于生长期内进行多次落蔓。当茎蔓生长快到架顶时,开始打掉瓜秧底部叶片,进行落蔓,将茎蔓从架上取下,使基部茎蔓盘在垄上,或按同一方向折叠,使生长点置于架上适当高度后,重新绑蔓固定。

(四)西瓜植株调整

1. 压蔓

露地栽培西瓜一般情况下需要压蔓,可防止大风吹摆损伤蔓果,有利于坐瓜和诱发不定根的生长。压蔓具体做法:每隔 30～40 cm(4～5 节),用土块压住瓜蔓,主蔓、侧蔓均需压。压时一定要把蔓压正,排列均匀,同时瓜蔓拉紧,以利养分输送畅通。压蔓的时间应掌握在中午以后,因为上午水分多,瓜蔓脆,此时压蔓容易折断。果实开始膨大时,停止压蔓。在全生育期内一般压蔓 4～5 次。要特别注意瓜前重压、瓜后轻压。如果植株生长势较旺,为防止徒长,可重压并压深些;而对生长瘦弱的植株可轻压并压浅些。

2. 整枝

整枝的目的是调节植株生长与结果的矛盾,减少养分消耗,使植株健壮生长。目前主栽西瓜品种是小籽品种,适宜双蔓整枝。除保留主蔓外,在 3～5 叶的腋间选留一个粗壮的子蔓,其他蔓均应及时除掉。全生育期大约整枝打杈 5～6 次,结果后期营养集中在果实增长上,而营养生长显著变弱时方可停止打杈。当果实充分膨大时,如瓜秧生长仍较旺,这时可采用摘心的办法控制旺长。整枝的轻重应根据栽培品种的发枝力、长势、种植密度、土壤肥力等具体情况而定。

(五)豇豆植株调整

1. 支架与引蔓

豇豆枝蔓抽生很快,当植株生长有 3～6 片叶时就要及时支架,一般支成"人"字架。抽蔓后及时引蔓,豇豆蔓的生长为右旋性,要按逆时针方向引蔓。引蔓宜在晴天下午进行,不宜在雨后或早晨,因为此时蔓叶组织内水分充足,引蔓容易脆断。

2. 整枝抹芽

整枝抹芽可减少养分消耗,可改善通风透光条件,促进开花结荚。具体做法是摘除主蔓第一花序以下各节位的侧枝和第一花序以上各节位所生弱小芽叶,促进同节位的花芽生长。所有侧枝都应及早摘心,仅留 1～3 个节形成花序。

(六)花椰菜、包菜植株调整

束叶是保证花椰菜、包菜品质的技术之一,一般是在花椰菜、包菜生长后期进行。具体做法是将外叶拢起在近顶部用稻草或绳子束住,以保护花球、叶球,使之洁白柔嫩,免受冻害,并保持植株间通风良好。但束叶不宜过早,一般在花球或叶球基本形成后进行。

四、作业与思考

①蔬菜作物植株调整有何意义及作用? 具体有哪些措施?
②总结常见蔬菜植株调整措施的方法及操作要点。
③在田间开展各种植株调整实践,并写出相应实践报告。

实践 13　常见蔬菜侵染性病害识别与防治

一、目的及要求

了解蔬菜主要病害的种类、病害的症状及发病特点,掌握蔬菜主要病害的防治方法及技术。

二、材料与工具

(一)材料

蔬菜栽培地中各种蔬菜病株、病叶、病茎、病果、病根等。

(二)工具

显微镜、放大镜、载玻片、刀片、镊子、培养皿等,以及各类防治药剂等。

三、实践方法与步骤

植物在生长过程中常受到生物或非生物因子的影响,发生一系列形态、生理和生化上的病理变化,阻碍了正常生长、发育的进程,最后表现为外部形态上异常变化甚至局部或全株死亡,成为植物病害。

根据病原的种类,植物病害可分为两大类。

①非侵染性病害:由不正常的环境条件引起的,如营养元素的缺乏、水分的不足或过量、低温的冻害和高温的热害等,属于非生物引起的,病体之间不相互传染,也不会传至健康植株。

②侵染性病害:由真菌、细菌、病毒、线虫等致病生物侵染而引起的,病体间可相互传染,也可传染至健康植株。蔬菜多数病害属于侵染性病害。

下面以蔬菜侵染性病害为例进行介绍。

(一)真菌性病害识别与防治

1. 猝倒病

(1)症状识别

猝倒病俗称"倒苗""霉根""小脚瘟",是蔬菜苗期的重要病害之一,可为害瓜类、茄果类和叶类蔬菜等,以瓜类、茄果类幼苗最常见。该病多发生在幼苗出土后、真叶尚未展开前,苗床高湿、低温是该病发生的有利条件。种子在萌发后出土前受侵染可造成烂种,幼苗出土后在茎基部呈现水渍状,病部随即缢缩变细如线,幼苗猝倒。苗床潮湿时,病部表面及周围床土上可生白色絮状菌丝体。

（2）病原及发病特点

病原为鞭毛菌亚门腐霉属瓜果腐霉。病菌以卵孢子随病残体在土壤中越冬,以游动孢子借雨水或灌溉水传播到幼苗上,从茎基部侵入。苗床过于闷湿或地下水位过高,土壤黏重,致使土温不易升高,易发病。

（3）防治方法

①农业防治。选择地势高、地下水位低、排水良好、避风向阳的地方育苗;用新大田土作床土,如果用旧床土,须进行高温发酵消毒;加强苗床管理,适时适量放风,避免高湿低温条件出现;发病时及时清除病株及邻近病土。

②药剂防治。苗床床土可用50%多菌灵可湿性粉剂或50%托布津可湿性粉剂,或40%拌种双可湿性粉剂等拌土消毒,床土用药量为8～10 g/m²。如苗床已发现少数病苗,可用72.2%普力克(霜霉威盐酸盐)水剂400倍液,或75%百菌清可湿性粉剂600倍液等喷施苗床,每隔7～10 d喷施1次,连续1～2次,为避免苗床湿度过大,应选择上午喷药,还可在喷药后撒施草木灰和干细土。

2. 立枯病

（1）症状识别

立枯病又称"死苗",也是蔬菜苗期的重要病害之一,寄主范围广,除茄科、瓜类蔬菜外,还能侵染一些豆科、十字花科等蔬菜。立枯病多发生在育苗的中、后期,主要为害幼苗茎基部或地下根部,初为椭圆形或不规则暗褐色病斑,病苗早期白天萎蔫,夜间恢复,病部逐渐凹陷、缢缩,当病斑绕茎一周时,幼苗逐渐枯死,但不倒伏。苗床湿度大时,病部可见不甚明显的淡褐色蛛丝状霉。

（2）病原及发病特点

病原无性态为半知菌亚门丝核属的立枯丝核菌,有性态为担子菌亚门革菌属的瓜亡菌。病菌主要以菌丝体或菌核在土壤中或病残体上越冬,通过雨水、灌溉水、沾有带菌土壤的农具以及带菌的堆肥传播,从幼苗茎基部或根部伤口侵入,也可穿透寄主表皮直接侵入。高温、高湿有利于该病的发生,因此播种过密、间苗不及时、温度过高易诱发该病。

（3）防治方法

①农业防治。严格选用无病菌新土配营养土育苗,苗床土壤要消毒;避免连作,与禾本科作物轮作可减轻发病;做好排灌系统,以及时排出积水,降低田间湿度;加强田间管理,增强植株抗病力,发现病苗及时拔除销毁。

②药剂防治。发病初期,可用90%恶霉灵1500倍液,或70%甲基托布津1000倍液,或25%络氨铜500倍液,或50%多菌灵600倍液等,喷施到植株根茎处,每隔5～7 d喷施1次,连续1～2次,注意药剂轮换交替使用。

3. 早疫病

（1）症状识别

早疫病又称轮纹病,是辣椒、甜椒、番茄、马铃薯等茄科蔬菜常见的一种疫病。植株生长发育的各个阶段均可发病。苗期发病,幼苗的茎基部生暗褐色病斑,稍陷,有轮纹;成株期发病一般从下部叶片向上部发展,发病初期叶片初呈深褐色或黑色小斑点,逐渐扩大成圆形或不规则形病斑,具有明显的同心轮纹,病斑周围有黄绿色晕圈,潮湿时病斑上生有黑色霉层,发病严重时,植株下部叶片完全枯死。茎及叶柄上病斑为椭圆形或梭形,黑褐色,多产生于分枝处;果实发病,在花萼或脐部(后期在果柄处)形成黑褐色近圆形凹陷病斑,病部密生黑色霉层。

(2)病原及发病特点

早疫病主要由半知菌亚门链格孢属真菌引起。该病病菌主要以菌丝和分生孢子随病残体在土壤中或附着在种子上越冬,通过气流、灌溉水以及农事操作,从气孔、伤口或表皮直接侵入传播,高温、高湿发病重,主要侵害叶片、茎、果实。

(3)防治方法

①农业防治。选用抗病品种;重病地与非茄科作物进行 2 年以上轮作;加强栽培管理,控温降湿,应控制浇水,及时通风散湿,雨后及时排出积水;及时摘除下部老叶、病叶,减少菌源。

②药剂防治。定植缓苗或发病初期,可用 75%百菌清可湿性粉剂 600 倍液,或50%扑海因可湿性粉剂 1000 倍液,或 50%多菌灵可湿性粉剂 1500 倍液,或 75%代森锰锌可湿性粉剂 500 倍液,或 64%杀菌矾可湿性粉剂 400 倍液等喷施植株,每隔 7～10 d 喷 1 次,连续 2～3 次,注意药剂轮换使用。

4. 晚疫病

(1)症状识别

晚疫病是马铃薯和番茄植株上普遍发生的重要病害。番茄的整个生育期内均可发生,幼苗、茎、叶和果实均可发病,以叶和青果受害为重。幼苗受害,病斑由叶向茎蔓延,茎变细、呈黑褐色,造成幼苗萎蔫倒伏。叶片上病斑多从叶尖或叶缘开始发生,初为暗绿色水渍状不规则病斑,后逐渐变成褐色。茎部病斑呈暗褐色,形状不规则,稍凹陷,边缘有明显的白色霉状物。果实上病斑多发生在青果的一侧,初为暗褐色油渍状病斑,后渐变为暗褐色至棕色,边缘明显,稍凹陷,不规则云纹状;果实质地硬实而不软腐,潮湿时,患病部可长出白色霉状物。马铃薯主要是叶片和薯块受害。叶上病斑初为水渍状黄化小点,之后扩大蔓延到主脉或叶柄,病叶萎蔫下垂,变褐枯死。湿度大时,病斑边缘长有白色稀疏霉层,块茎发病产生淡褐色微凹陷的不规则形病斑,组织变褐软腐,有恶臭。

(2)病原及发病特点

病原为鞭毛菌亚门疫霉属的致病疫霉。病菌主要以菌丝体在温室番茄植株、马铃薯块茎上越冬,或以厚垣孢子形式附着于落入土中的病株残体上越冬。翌春病菌借助气流和雨水传播到植株上,从气孔或表皮直接侵入。在田间形成中心病株后,借助风雨传播蔓延,具再侵染性。低温、高湿有利于该病害发生,因此凡是导致田间湿度大的因素,如地势低洼、排水不良、偏施氮肥、种植过密、栽培设施通风不良等均能加重该病害的发生。

(3)防治方法

①农业防治。选用抗病品种,与非茄科蔬菜实行 2～3 年以上轮作;选择地势高、排灌方便的地块种植,合理密植;忌大水漫灌,雨后及时排出积水;加强通风透光,设施栽培及时通风,避免叶面结露或形成水膜;发现中心病株,带出田外集中销毁,收获后

彻底清除病残体。

②药剂防治。露地田间发病初期,可用40%疫霉灵可湿性粉剂250倍液,或58%瑞毒霉锰锌可湿粉500倍液,或25%瑞毒霉可湿粉800倍液,或72%霜脲锰锌可湿性粉剂800倍液,或69%安克锰锌+75%百菌清(1:1)1000倍液,或62.8%霉多克1500倍液,或58%抑快净1500倍液等喷施病株,每隔7~8 d喷施1次,连续3~4次,注意药剂轮换使用。保护地可用45%百菌清烟雾剂熏棚,每亩用药剂量为250 g,傍晚封闭棚室,将药剂分散放置于5~7个燃放点,点燃烟熏过夜。

5. 枯萎病

(1)症状识别

枯萎病是发生得比较普遍的真菌性土传性病害,主要为害瓜类、豆类、茄果类等蔬菜。枯萎病典型症状是植株萎蔫,发病初期病株叶片自下而上逐渐发黄、萎蔫、似缺水状,早晚尚能恢复,经数日后整株叶片枯萎下垂,不再恢复,最终枯死。茎蔓基部稍缢缩,常纵裂,溢出琥珀色胶体物。在潮湿环境下,茎基部表面常产生白色或粉红色霉层。在番茄、茄子、辣椒等蔬菜上常出现植株一侧发病、另一侧正常的"半边枯"现象。

(2)病原及发病特点

病原为半知菌亚门镰孢霉属的尖镰孢菌。病菌主要以菌丝体、厚垣孢子或菌核在土壤病残体、种子和未腐熟的带菌有机肥中越冬,成为翌年初侵染源。田间病菌主要通过灌溉水、雨水、农事用具及地下害虫等传播蔓延。病菌从根部伤口或根毛顶端侵入,先在薄壁细胞间和细胞内生长,后进入维管束,在维管束内发育,堵塞导管,分泌毒素,引起寄主中毒。

(3)防治方法

①农业防治。选用抗病良种或利用嫁接育苗防病;实行轮作,与其他非寄主作物实行3~4年轮作,最好实行水旱轮作;选无病新土培育壮苗;定植前深翻土壤、暴晒,采用高畦栽培,加强田间管理,控制浇水,严防漫灌;发现病株及时拔除。

②药剂防治。种子消毒,可用种子量0.3%~0.5%的50%克菌丹可湿性粉剂拌种消毒;播种前重病地或苗床地要进行药剂处理,每平方米苗床可用50%多菌灵8 g处理畦面;定植前可用50%代森铵200倍液泼浇种植地;发病初期,用50%多菌灵500~600倍液,或30%甲基硫菌灵悬浮剂500倍液,或2.5%适乐时1500倍液灌根部,每株灌药液100 mL,隔7~10 d灌一次,连续3~4次,注意药剂轮换使用。

6. 根腐病

(1)症状识别

根腐病是豆类、瓜类、茄果类等蔬菜常见土传病害之一。主要为害幼苗,成株期也能发病。发病初期,个别支根和须根感病,逐渐向主根扩展,早期植株不表现症状,但病株相对较矮小。后随着根部腐烂程度的加剧,新叶发黄,在中午前后植株上部叶片出现萎蔫,但夜间能恢复。病情严重时,萎蔫状况夜间也不再恢复,整株叶片发黄、枯萎,病株易拔起。在主根完全腐烂时,病株枯萎死亡。

(2)病原及发病特点

根腐病由多种病原物引起,主要包括丝核菌属和镰孢霉属,镰孢霉属中最主要的是腐皮镰孢霉。病菌以菌丝体或厚垣孢子在土壤、种子和病残体中越冬。分生孢子通过雨水、灌溉水、地下害虫或农事操作等传播蔓延。病菌从根部进行初侵染,具再侵染性。高温、高湿是发病条件,因此地势低洼、土壤黏重、光照不足、通风差、田间积水、排水不畅等均利于该病的发生。

（3）防治方法

①农业防治。因地制宜选择抗病性强的良种;选择地势高、排水性好的田块进行高畦或高垄栽培,切忌大水漫灌,雨季做好排水工作,防止积水;发病重的地块,可与禾本科作物实行 3 年以上轮作;清洁田园,及时拔除病株,带出田外深埋或烧毁,收获后清除病残体,并耕翻土壤,加速病残体的腐烂分解。

② 药剂防治。播种前,可用种子重量 0.3％的退菌特或 0.1％粉锈宁拌种消毒;田间发病前或初期,可用 33.5％必绿喹啉铜悬浮剂 1500～2000 倍液或 70％甲基托布津可湿性粉剂 1000 倍液等喷施,7～10 d 喷施 1 次,连续喷 2～3 次,重点喷茎基部或喷到植株上的药液能沿主茎流至根部。也可用 20％地菌灵（乙酸铜）可湿性粉剂 500～600 倍液,或 70％敌克松可湿性粉剂 800～1000 倍液,或根腐灵 300 倍液灌根,每株（穴）灌 250 mL 药液,隔 10 d 再灌 1 次,注意药剂轮换使用。

7. 霜霉病

（1）症状识别

霜霉病发生相当普遍,除为害十字花科蔬菜、黄瓜外,还为害莴苣、南瓜等蔬菜。该病在十字花科蔬菜全生育期均可发生,以成株受害较重,主要危害叶片,由基部叶向上部叶发展,发病初期在叶面形成浅黄色近圆形病斑,扩展后病斑受叶脉限制呈多角形,空气潮湿时叶背产生白色或灰白色霜状霉层;后期病斑枯死连片,呈黄褐色,严重时全部外叶枯黄死亡。黄瓜幼苗子叶易感病,子叶叶面呈不均匀褪绿、黄化,后逐渐产生不规则枯黄斑,潮湿条件下叶背产生黑色霉层;成株感病,症状与十字花科相似,但潮湿条件下,叶背病斑易长出紫黑色霉层。

（2）病原及发病特点

该病由鞭毛菌亚门霜霉科多种真菌引起。病菌以菌丝在种子或秋冬季寄主体上为害越冬,也可以卵孢子在病残体上越冬,主要通过气流、灌溉水、农事及昆虫传播。春末夏初高湿或秋季连续阴雨天气最易发生该病,另外田间种植过密,定植后浇水过早、过大,土壤湿度大,排水不良等也容易导致发病。

（3）防治方法

①农业防治。因地制宜选用抗病品种;合理轮作,重病地可实行 2～3 年轮作,最好是水旱轮作;加强栽培管理,适当稀植,采用高畦栽培;严禁大水漫灌,雨后注意排水降湿;发现病株,应及时拔除,并带出田外烧毁或深埋。

②药剂防治。播种前可用种子重量 0.3％的甲霜灵或福美双拌种;田间发病初期可用 75％百菌清可湿性粉剂 500 倍液,或 69％安克锰锌可湿粉 1000 倍液等喷雾,发病较重时可用 58％甲霜灵锰锌可湿性粉剂 500 倍液,或 69％烯酰锰锌可湿性粉剂 800 倍液喷雾,每隔 7～10 d 喷 1 次,连续 2～3 次,注意药剂轮换使用。

8. 灰霉病

（1）症状识别

灰霉病在茄科、葫芦科蔬菜上普遍发生,主要为害黄瓜、茄子、辣椒、番茄、西葫芦等蔬菜。灰霉病主要为害叶片和果实,还可为害花和茎。叶片发病,多从叶尖或叶缘开始,向叶内呈"V"字形扩展,初为水渍状黄褐色坏死斑,湿度大时,病斑快速发展成不规则形,有深浅颜色相间的轮纹,表面生灰色霉层。果实发病,病菌从残留的柱头或花托部位侵入,后在幼果上部或蒂部附近形成褐色水浸状病斑,果面上密生灰色霉状物,导致幼果变软腐烂。花器发病,多从花托开始,花瓣呈褐色水浸状,上密生灰色霉层,最后引起脱落。

(2)病原及发病特点

病原为半知菌亚门葡萄孢属的灰葡萄孢。病菌以菌核在土壤,或以菌丝及分生孢子在病残体内越冬,成翌年初侵染源。病株上分生孢子借助气流、灌溉水或雨水传播,由寄主伤口或衰败器官侵入。低温、高湿是发病条件,因此植株过密、连日阴雨、温度较低及保护地湿度过高等均易导致发病。

(3)防治方法

①农业防治。因地制宜选用抗病良种,播前种子消毒;保护地栽培,温室、大棚可在定植前密闭5~7 d,高温杀死病菌;加强栽培管理,避免田间湿度过大、通风透光不良;及时摘除植株下部黄叶、老叶及病叶、病花、病果等,带出田外烧毁或深埋,减少侵染源。

②药剂防治。发病前或发病初期,可用50%啶酰菌胺1000~1200倍液,或43%氟菌肟菌酯800~1000倍液,或50%氟啶胺1000~1500倍液,或40%灰霉菌核净悬浮剂1200倍液,或40%嘧霉胺悬浮剂1200倍液等喷施,每隔7~10 d喷施1次,连续2~3次,注意药剂轮换使用。保护地栽培,阴天或雨天,可用15%腐霉利烟剂300 g,或15%异菌百菌清烟剂300 g,放在棚内4~5处,傍晚点燃发烟闭棚熏蒸。对需要点花才能坐果的蔬菜,可在点花药中加入50%速可灵或扑海因可湿性粉剂1000倍液防治。

9. 炭疽病

(1)症状识别

炭疽病是蔬菜生产上的一种重要病害,主要为害十字花科、豆科、葫芦科、茄科等蔬菜。在叶片、叶柄、茎、果实、果柄均可发生,但常见于叶片和果实。果实染病,初呈暗绿色水浸状小斑点,后逐渐扩大为黄褐色圆斑,边缘褐色,中央呈灰褐色,表面有隆起的同心轮纹;潮湿时,病斑表面溢出红色黏稠物;被害果内部组织半软腐,易干缩,致病部呈膜状,有的破裂。叶片染病,初为褪绿色水浸状斑点,后渐变为中间褐色、稍凹陷,边缘褐色并微隆起的近圆形病斑,最后病斑中间变为灰白色,极薄,易穿孔。果柄染病生褐色凹陷斑,病斑不规则,干枯时易开裂。

(2)病原及发病特点

炭疽病为半知菌亚门炭疽菌属真菌侵染所致,病菌以菌丝体或拟菌核在种子上或随病残体在土壤中越冬,次年春季条件适宜时产生分生孢子盘,并产生大量的分生孢子,成为初侵染源,病菌借助风雨、灌溉水、农事操作等传播,引起再侵染。高温、高湿有利于该病害的发生。

(3)防治方法

①农业防治。因地制宜选择抗病品种,播种前进行种子消毒;合理轮作,严重地区

应进行 2~3 年轮作,最好水旱轮作;加强栽培管理,合理密植,行间不郁蔽,低湿地要开沟排水,防止田间积水;发病初期全面清除病叶,收获后及时清除病残体,集中烧毁或深埋,减少初侵染源。

②药剂防治。发病初期,可选用 50%多菌灵可湿性粉剂 500 倍液,或 25%炭特灵可湿性粉剂 600 倍液,或 69%安克锰锌可湿性粉剂和 75%百菌清可湿性粉剂以 1:1 比例调配而成的 2000 倍混合液,或 25%嘧菌酯水分散粒剂 1500 倍液,或 25%咪鲜胺乳油 2000 倍液,或 50%扑海因可湿性粉剂 1500 倍液,或 40%克菌丹呆可湿性粉剂 400 倍液,每隔 7~10 d 喷 1 次,连续 2~3 次,收获前 10~15 d 停止用药,注意药剂轮换交替使用。

10. 黑斑病

(1)症状识别

黑斑病是十字花科蔬菜中常见病害之一,在白菜、甘蓝及花椰菜上发生较多,主要为害叶片及叶柄,有时也为害花梗和种荚。叶片发病,多从外部叶开始,初呈褪绿色、近圆形病斑,后逐渐扩大为灰褐色或暗褐色病斑,病斑有明显同心轮纹,外有黄色晕圈;白菜上病斑一般比花椰菜、甘蓝小;高温高湿下病斑会穿孔,后期病斑会产生黑色霉状物;发病严重时,多个病斑汇合,导致叶片变黄枯死,全株叶片自外向内干枯。叶柄、花梗病斑长梭形、暗褐色,稍凹陷;种荚病斑近圆形,中央灰白色,边缘褐色,有或无轮纹,潮湿时病斑有褐色霉层。

(2)病原及发病特点

黑斑病由半知菌亚门丝孢真菌所致,病原菌以菌丝体或分生孢子盘在田间病株、种子或冬贮菜上越冬,次年温湿度条件适宜下长出分生孢子,从植株气孔或直接穿透表皮侵入。分生孢子借风、雨或昆虫传播、扩大再侵染。雨水是该病流行的主要条件,低洼积水处、通风不良、光照不足、肥水不当等等有利于发病。

(3)防治方法

①农业防治。选用抗病或耐病品种;避免连茬种植,可与非十字花科蔬菜进行隔年轮作;加强田间管理,合理施肥,适当增施磷钾肥,以提高植株抗病力。叶用菜应适时早收,收获后及时清除田间病株残体,以减少菌源。

②药剂防治。播种前可用种子重量 0.4%的 40%福美双拌种消毒;发病初期可用 70%代森锰锌可湿性粉剂 400~500 倍液,或 40%敌菌酮 500 倍液,或 50%扑海因 1500 倍液等喷施,每隔 7~10 d 喷施 1 次,连续 3~4 次,注意药剂轮换使用。

11. 白粉病

(1)症状识别

白粉病是瓜类、茄果类和豆类蔬菜上一种重要的病害,在植物全生育期均可发生,主要发生在叶片,其次是叶柄和茎,一般不为害果实。发病初期叶正面或背面产生近圆形星状小粉斑,以叶面居多,后逐渐扩大成边缘不明显的连片粉斑,形似撒上一层白粉状物,严重时整株布满白粉。发病后期,白色粉斑因菌丝老熟变为灰色,病叶枯黄,有时病斑上长出成堆的黄褐色小粒点,后变黑。

(2)病原及发病特点

由子囊菌亚门白粉菌属真菌引起,以闭囊壳随病残体在土壤中越冬,或以菌丝体和分生孢子在保护地中的寄主上越冬,分生孢子借气流或风雨传播。病菌喜温暖潮湿环境,春、夏、秋季均有发生,分生孢子萌发温度为 10~35 ℃,最适温度为 20~25 ℃,相对湿度 45%～95%,对温湿度适应范围较广。

（3）防治方法

①农业防治。选用抗病品种,合理施肥,防止植株徒长和脱肥早衰,增强植株抗病性;保护地栽培注意通风换气,露地栽培应避免种植在低洼、通风不良的园地;及时清除田间病叶,集中带出田外销毁,以减少田间白粉病病菌源。

②药剂防治。发病初期,可选用 80%腈菌唑可湿性粉剂 2500 倍,或 40%氟硅唑 4000 倍液,或 25%乙嘧酚悬浮剂 1500 倍,或 25%三唑酮可湿性粉剂 2000~3000 倍液,或 20%唑菌酯悬浮剂 800~1000 倍液,或 25%百科乳油 2000 倍液,或 2%农抗 120 水剂 200 倍液等喷施病株,叶片正反面都要喷到,每隔 7~10 d 喷施 1 次,连续 2~3 次,注意药剂交替轮换使用。

12. 锈病

（1）症状识别

锈病是葱蒜类、豆类蔬菜的主要病害之一,主要为害葱蒜类的叶片、花梗,以及豆类的豆荚、茎、叶柄、花柄。发病初期在植株表皮上出现褪绿小点,逐渐扩大长出圆形或近椭圆形、稍隆起的橙黄色病斑,病斑周围有浅黄色晕环,病斑成熟破裂后,散出大量橙黄色粉末（夏孢子堆和夏孢子）,发病后期病斑变为黑褐色,破裂时散出暗褐色粉末（即冬孢子堆和冬孢子）,病重时茎叶枯死。

（2）病原及发病特点

该病病原主要是担子菌门单孢锈菌属真菌,锈病病菌以冬孢子在病残体上越冬,温暖地区以夏孢子在蔬菜上辗转为害,或随寄主活体越冬。条件适宜时产生夏孢子随气流传播进行初侵染和再侵染。夏孢子萌发后从寄主表皮直接或由气孔侵入,发病适温 9~18 ℃。

（3）防治方法

①农业防治。选用抗病品种;可与瓜类、茄果类、十字花科蔬菜轮作 2~3 年;合理密植,高畦栽培,保护地注意通风降湿;施足有机肥,增施磷钾肥,提高植株抗病能力;加强田间管理,对长势弱的植株加强肥、水管理,及时清除植株病残体,采收结束后及时清洁田园。

②药剂防治。发病初期,可用 43%菌力克悬浮剂 8000 倍液,或 10%世高水分散粒剂 6000 倍液,或 40%福星乳油 8000 倍液,或 30%特富灵可湿性粉剂 5000 倍液,或 25%敌力脱乳油 5000 倍液,或 30%百科乳油 4000 倍液等喷施,每隔 7~10 d 喷施 1 次,连续 2~3 次,注意药剂交替轮换使用。

（二）细菌性病害识别与防治

1. 青枯病

（1）症状识别

青枯病是茄果类蔬菜种常见的土传病害之一,主要为害番茄、辣椒、茄子等蔬菜。该病从苗期即可侵染,开花结果初期开始显症。地上部分未见任何异常植株,白天突然失去生机,先是顶端叶片萎蔫下垂,后下部叶片凋萎,中部叶片最后凋萎。病株在晴朗白天萎蔫,阴天和早晚有所恢复,如果土壤干燥、气温高,2～3 d后病株即不再恢复而死亡,叶片色泽稍淡,但仍保持绿色,故称青枯病。病茎下端往往表皮粗糙不平,常发生大而且长短不一的不定根。天气潮湿时,病茎上可出现1～2 cm大小的初呈水渍状后变为褐色的斑块。病茎木质部褐色,用手挤压有乳白色的菌脓渗出。

（2）病原及发病特点

青枯病病原是青枯假单胞杆状细菌,病原细菌可在土壤越冬,主要借助雨水、灌溉水、农具和农事操作等途径传播,也可随种子及带菌肥料传播。病原菌从根部或茎基部伤口侵入,在植株体内的维管束组织中扩散,造成导管堵塞、维管束受损,中午光照强时,水分供应不足导致叶片萎蔫。

（3）防治方法

①农业防治。选用抗病品种;实行轮作,重病地可与瓜类、豆类或十字花科等实行4～5年轮作;农事操作要减少伤口,为防止病害蔓延,发现病株应及时拔除,并在病穴内撒少量石灰消毒;青枯病菌适宜在微酸性土壤中生长,因此整地时可撒施适量的石灰,使土壤呈微碱性,抑制病菌生长,减少发病。

②药剂防治。发病初期,可用20％龙克菌(噻菌铜)悬浮剂500～600倍液,或77％可杀得(氢氧化铜)可湿性微粒剂500倍液,或50％DT(琥胶肥酸铜)可湿性粉剂500倍液,或青萎散(3000亿个/克荧光假单胞菌)粉剂600倍液等,每株灌药液250～300 mL,每隔7～10 d灌1次,连续灌3～4次,注意药剂轮换使用。

2. 软腐病

（1）症状识别

软腐病主要为害瓜类、茄科、十字花科和葱蒜类蔬菜。软腐病的症状因受害组织不同略有差异。一般柔嫩多汁组织受侵染后多呈浸润半透明状,后渐呈明显水渍状,颜色先淡黄色,后灰色,再灰褐色,最后组织黏滑软腐,伴有恶臭气味;较坚实少汁组织(茎或根)受侵染后病斑多呈水渍状,先淡褐色,后变褐色,逐渐腐烂,最后病部水分蒸发,组织干缩。

（2）病原及发病特点

软腐病主要由欧氏杆菌引起。病菌主要随同病株和病残体在土壤、堆肥、菜窖或留种株上越冬,也可在黄曲条跳甲等虫体内越冬。借助昆虫、灌溉水及风雨冲溅,从植株伤口和生理裂口处侵入组织。咀嚼式口器昆虫密度大、早播株衰、多雨湿热气候、土壤干裂伤根、肥料未腐熟、地块连作、植株自然裂口多等均容易导致发病。

（3）防治方法

①农业防治。选择抗病品种;实行轮作,定植前土壤深翻曝晒;采用垄作或高畦栽培,有利于田间排水,降低湿度;田间病株及时拔除,收获后及时清除病残体;施足底肥,早追肥,促进幼苗生长健壮,减少自然裂口;适当增施钙素可提高蔬菜对软腐病的抵抗力。

②药剂防治。在发病前或发病初期,可用14％络氨铜水剂350倍液,或72％农用链霉素可溶性粉剂3000～4000倍液,或50％代森铵可湿性粉剂600～800倍液,或70％敌克松500～1000倍液等喷施,每隔7～10 d喷施1次,连续2～3次,注意药剂

轮换使用。

3. 细菌性角斑病

（1）症状识别

细菌性角斑病是瓜类蔬菜重要病害之一，尤其是在保护地黄瓜生产中发生普遍。瓜类蔬菜从幼苗期到成株期均能发病，主要发生在叶片和瓜条。叶片受害，初为水渍状斑点，后逐步扩大为淡黄色或灰白色，因受叶脉限制呈多角形，即"角斑"，湿度大时，病斑上产生乳白色黏液，即"菌脓"，干燥后具白痕，后期病斑变脆，易穿孔。瓜条发病，病斑初呈水渍状，近圆形，后严重时，病斑连片，不规则状，呈淡灰色，病斑中部常产生裂纹，潮湿时产生白色菌脓，引起瓜条局部腐烂，有臭味。

（2）病原及发病特点

病原菌为丁香假单胞菌。病菌在种子上或随病株残体在土壤中越冬，翌春由雨水或灌溉水溅到茎、叶上导致发病。病菌还可通过昆虫、农事操作等途径传播。发病适宜温度为 18～25 ℃，相对湿度为 75％以上。在降雨多、湿度大、地势低洼、管理不当、连作、通风不良时发病严重。

（3）防治方法

①农业防治。选用抗病或耐病品种；与非瓜类作物实行 2 年以上轮作；播种前可采用温汤浸种或药剂拌种消毒；培育壮苗，定植前利用高温季节，深翻土壤暴晒；利用高垄地膜栽培，减少浇水次数，降低田间湿度；勤查植株，及时摘除病叶、病果，并带出田外深埋或烧毁，采摘后及时清洁田园，减少田间病原。

②药剂防治。发病初期，可用 72％农用链霉素可溶性粉剂 3000～4000 倍液或 88％水合霉素可溶性粉剂 1500～2000 倍液，或 20％噻唑锌悬浮剂 600～1000 倍液，或 2％春雷霉素水剂 500 倍液或 40 万单位青霉素钾盐 5000 倍液等喷施，每 7～10 d 喷施 1 次，连续 2～3 次，注意药剂轮换交替使用。

4. 细菌性黑腐病

（1）症状识别

细菌性黑腐病主要为害白菜、甘蓝、花椰菜和萝卜等十字花科蔬菜，幼苗期、成株期均可染病，以成株期发病为主，主要为害叶片。成株期发病，病斑多由叶缘向内扩形成"V"字黄褐色枯斑，有时病菌可沿叶脉向里发展形成黄褐或深褐色网脉。从伤口入侵时，可在叶片任何部位形成不规则的病斑，病斑扩展后叶肉变褐、枯死。叶柄染病，病菌沿维管束向上扩展，维管束变黑，会一直蔓延到茎部和根部。肉质根外部症状不明显，内部维管束变黑。严重时肉质干腐，形成黑色空洞，造成空心。

（2）病原及发病特点

细菌性黑腐病由黄单胞杆菌侵染所致。病菌随种子或病残体在土壤或在采种株上越冬，通过雨水、灌溉水、农事操作及昆虫等传播到叶片上，从叶缘的水孔或叶面的伤口侵入组织。病菌喜高温、高湿，多雨高湿、叶面结露、叶缘吐水等均利于发病。

（3）防治方法

①农业防治。选用无病种子或耐、抗病品种；重病地可与豆科蔬菜、茄果类蔬菜及粮食作物等进行 2～3 年轮作，或与大蒜套作；加强田间管理，及时防治害虫，减少植株伤口；清洁田园，及时清除病残株，穴窝撒施生石灰消毒。

②药剂防治。播种前种子可用 45％的代森铵水剂 300 倍液浸种 15～20 min 消毒；也可用种子重量 4％的 50％福美双可湿性粉剂拌种消毒。发病初期，还可用 72％农用链霉素可溶性粉剂 3000～4000 倍液，或 47％春雷·王铜可湿性粉剂 800～1000倍液，或 78％波尔·锰锌可湿性粉剂 500～600 倍液，或 77％可杀得可湿性粉剂 400倍液等喷施，每 7～10 d 喷施 1 次，连续 2～3 次，注意药剂轮换使用。

（三）病毒病识别与防治

1. 症状识别

植物病毒病大多属于系统侵染的病害，该病寄主范围很广，可在茄科、豆科、葫芦科等蔬菜上发生。病株常从个别分支或植株顶端开始发病，逐渐扩展到植物其他部分。病毒病的特点是有病状而无病征。病毒病发生后，病毒不仅能争夺蔬菜生长所必需的营养，还能破坏植株养分输导，使光合作用受到抑制，最后导致蔬菜生长受阻。发病后病状主要有：植株整体表现畸形，明显矮化，长势受抑制，节间簇生小叶片；叶片颜色不均匀，呈黄化或斑驳、花叶、畸形、皱缩或厥叶、卷叶、增厚等；花梗、茎秆会出现深褐色枯死斑纹或条块；果实褐色条状或团状，轻微凹陷，或有瘤状突起。

2. 病原及发病特点

常见植物病毒包括黄瓜花叶病毒属、马铃薯 X 病毒属、马铃薯 Y 病毒属、烟草花叶病毒属的病毒。病毒病的传播主要有昆虫介体传播、机械传播、伤口传播、种子带毒、土壤病残体传播等。利于病毒病发生的环境条件是高温和干旱，高温、干旱时植株长势弱，病毒病易在植株上呈现显性状态。另外，氮肥过量，植株生长柔嫩，或土壤瘠薄、板结、黏重以及排水不良，不利于壮棵形成，也会导致病毒病发生严重。

3. 防治方法

①农业防治。病毒病的防治以预防为主；选用抗（耐）病品种；培育无病毒壮苗，定植前淘汰病苗、弱苗；对感染病毒的植株或处于休眠期的种子、鳞茎、球根等进行热处理，杀死其中的病毒；规范农事操作，发现病株及时拔除，减少传染源；及时防治蚜虫、飞虱、害螨等害虫，彻底消灭病毒传播媒介。

②药剂防治。发病前，可用氨基寡糖素 300 倍液＋沃丰素 600 倍液＋芸苔素10000 倍液，喷施 2～3 次，每次间隔 3～5 d，提高植株抗性；发病初期，可用 20％毒灭星可湿性粉剂 500～600 倍液，或 20％小叶敌灵水剂 500～600 倍液，或 0.5％菇类蛋白多糖水剂 300 倍液，或 1.5％植病灵水剂 1000 倍液，或 5％菌毒清水剂 200～300 倍液等喷施，每隔 7～10 d 喷施 1 次，连续 2～3 次，注意药剂轮换交替使用。

（四）根结线虫病识别与防治

1. 症状识别

根结线虫病是一种植物性寄生虫病害，是蔬菜生产中较为严重的病害之一，为害范围广，主要为害瓜类、茄果类、豆类、萝卜、莴苣、白菜、芹菜、菠菜、胡萝卜等多种常见蔬菜。根结线虫仅危害根部，以侧根及支根最易受害。受害根部最普遍和最明显的症状是根部明显肿大，形成根结，内具虫瘿。豆科和瓜类蔬菜受害则在主、侧根上形成较大串珠状的根节，使整个根肿大，粗糙，呈不规则状；而茄科或十字花科蔬菜受害，则在新生根的根尖产生较小的根节,常在肿大根的外部可见透明胶质状卵囊。严重感病株的根系一般比健株的要短,侧根和根毛都少,有的还形成丛生或锉短根。受害植株一般地上部症状表现不明显,严重发病的表现为生长衰弱,田间生长参差不齐,夏季中午炎热干旱时,植株如同缺水,呈萎蔫状。

2. 病原及发病特点

病原为线虫门根结线虫属的线虫。根结线虫以二龄幼虫在土中越冬,或雌虫当年产的卵不孵化,留在卵囊中随同病根留在土中越冬,翌年环境适宜时越冬卵孵化为幼虫。越冬幼虫由根冠上方侵入寄主的幼根。线虫口针不断穿刺细胞壁,并分泌唾液,导致寄主皮层薄壁细胞形成巨型细胞,同时线虫头部周围的细胞大量增生,引起根的膨大,最后形成明显的根结。二龄幼虫也可从虫瘿中迁移到邻近的根部。根结线虫主动传播的距离很有限,主要通过水或黏附在农具上的土壤或其他途径传播到未受感染的地区。

3. 防治方法

①农业防治。选用抗病品种;彻底清除前茬植物病根、残根和田间杂草,翻晒土壤,清除初侵染源;选用无病土育苗,确保幼苗不受侵染;轮作换茬,轻病地可与抗、耐病蔬菜品种(大蒜、葱、韭菜等)轮作,重病地可与禾本科作物轮作,最好是水旱轮作;加强田间管理,增施腐熟有机肥、磷钾肥,提高植株抗性。

②药剂防治。定植前进行土壤消毒,可结合整地每亩施入 3% 氯唑磷(米乐尔)颗粒 1~1.5 kg,或 10% 噻唑磷(福气多)颗粒 1.5~2 kg;定植后根结线虫病发病时,可用 1.8% 阿维菌素灌根,每穴灌药液 100~150 mL,灌后浇一次大水。

四、作业与思考

①总结蔬菜主要真菌性病害的发病条件、发病症状及防治技术,并写出总结报告。

②调查当地各类蔬菜病害的发生情况,提出相应的防治措施,并写出相应实践报告。

③如何区分蔬菜根腐病、软腐病、黑腐病?

④实践并分析使用不同的农业防治方法或不同药剂对同一种病害产生的影响,并写出实践报告。

实践 14　常见蔬菜虫害识别与防治

一、目的及要求

了解常见蔬菜害虫的为害特点及形态特征,掌握常见蔬菜害虫的防治方法及技术。

二、材料与工具

(一)材料

蔬菜栽培地及各种被不同害虫为害后的蔬菜植株。

(二)工具

体视显微镜、捕虫器、广口瓶、培养皿、刀片、镊子、放大镜等。

三、实践方法与步骤

(一)蚜虫

1. 为害习性

蚜虫属同翅目蚜科,又称腻虫、蜜虫,分为无翅蚜和有翅蚜两种。为害蔬菜的蚜虫主要有桃蚜、甘蓝蚜、萝卜蚜和瓜蚜。蚜虫主要以成虫、若虫密集分布在蔬菜的嫩叶、茎和近地面的叶背或留种株的嫩梢、嫩叶上为害,刺吸汁液,使受害蔬菜失水或营养不良,造成蔬菜叶片扭曲变形,植株节间变短,生长不良,造成减产,严重时引起枝叶枯萎甚至死亡。留种株受害不能正常抽薹、开花和结籽。另外蚜虫还可以传播病毒病,造成更大的损失。

2. 形态特征

成虫有翅胎生雌蚜的体长约 $1.2\sim2.2$ mm,头、胸部黑色,腹部绿色、黄绿色、褐色、赤褐色,背面有黑斑,翅较长、大,腹部略瘦长,尾片圆锥形,有或无额瘤,向内倾斜。无翅胎生雌蚜,体长 $1.5\sim2.5$ mm,全体绿色、墨绿色、赤褐色等,颜色变化大,有光泽,其他部位同有翅蚜。

3. 防治方法

①在前茬作物收获后,要及时对田间的秸秆、枯枝、落叶、杂草等进行集中焚烧或深埋,并对土壤进行深翻晒墒,以此减少虫源;保护地栽培,可利用夏季高温农闲时节,高温闷棚灭杀虫源。

②可在田间悬挂黄色粘虫板诱杀成虫;在田间铺设银色薄膜,或者在田间棚室及周围悬挂银灰色薄膜条等,驱逐田地周边蚜虫;保护地栽培,还可在棚室四周及门窗通风口,覆盖 20～30 目白色或银灰色防虫网。

③通过释放或者保护其天敌,如草蛉、七星瓢虫、异色瓢虫、草蛉、食蚜蝇及蚜茧蜂等来灭杀蚜虫。

④蚜虫防治常用的药剂有 10％吡虫啉、20％氟啶虫酰胺、20％氟啶虫胺腈·吡蚜酮、20％甲氰菊酯、40％氟啶虫胺腈·乙基多杀菌素、46％氟啶·啶虫脒、50％氟啶虫胺腈、50％抗蚜威、2.5％溴氰菊酯、1％苦参碱、25％吡蚜酮、1.8％阿维菌素、1.5％除虫菊酯、50％辟蚜雾等,为避免产生抗药性,注意药剂交替使用,采收前 10～15 d 禁止喷药。

(二)小菜蛾

1. 为害习性

小菜蛾别名小青虫、两头尖、菜蛆等,属鳞翅目菜蛾科,是蔬菜上的重要害虫,主要为害甘蓝、紫甘蓝、青花菜、薹菜、芥菜、花椰菜、白菜、油菜、萝卜等十字花科植物。小菜蛾年内发生代数多,为害时间长,无明显的越冬越夏现象。小菜蛾以幼虫为害叶片:2 龄以前的低龄幼虫钻入叶肉内取食,取食后仅剩叶片表皮,在叶片上形成一个个透明的斑,形成叶片空洞;3～4 龄幼虫可将菜叶食成孔洞或缺刻,严重时呈网状。

2. 形态特征

小菜蛾初孵幼虫深褐色,老熟幼虫淡绿色,纺锤形,体长 10～12 mm,头部黄褐色,前胸背板上有淡褐色无毛的小点组成两个"U"字形纹。成虫长 6～7 mm,翅展 12～16 mm,翅细长,前后翅缘呈黄白色三度曲折的波浪纹,两翅合拢时呈 3 个接连的菱形斑,前翅缘毛长并翘起如鸡尾,静止时向前伸。雌虫较雄虫肥大,腹部末端圆筒状,雄虫腹末圆锥形,抱握器微张开。

3. 防治方法

①合理布局,避免十字花科蔬菜连作、混作;十字花科蔬菜与其他科属作物轮作;加强田间管理,收获后及时清除田间残株败叶,减少虫源。

②成虫发生期可用振频式杀虫灯、黑光灯进行诱杀,还可用人工合成的昆虫性激素(性诱剂)诱杀成虫,减少虫源。

③保护、释放其天敌,小菜蛾的天敌有蜘蛛、草蛉、菜蛾绒茧蜂、菜蛾啮小蜂、菜蛾姬蜂等。

④在其孵化盛期至幼虫 2 龄期,喷施苏云金杆菌(Bt)悬浮剂 500～800 倍液或甘蓝夜蛾核型多角体病毒 600 倍液,使小菜蛾幼虫感病致死。当虫口密度达到一定数量时进行药剂喷雾防治,常用的药剂有 25％菜喜乳剂、40％菊杀乳油、0.3％苦参碱、10％虫螨腈(除尽)悬浮剂、2.5％三氟氯氰菊酯(功夫)乳油、2.5％溴氰菊酯(敌杀死)等,为避免产生抗药性,注意药剂交替使用,采收前 10～15 d 禁止喷药。

(三)夜蛾

1. 为害习性

夜蛾统指鳞翅目夜蛾科的一类害虫,严重为害蔬菜的叶蛾类害虫主要包括斜纹夜蛾、甘蓝夜蛾、甜菜叶蛾。斜纹夜蛾在蔬菜中可为害十字花科、茄科、葫芦科、豆科蔬菜，以及苋菜、蕹菜、韭菜、葱等大多数蔬菜；甘蓝夜蛾主要为害甘蓝、牛皮菜（厚皮菜），还为害瓜类、豆类、番茄、茄子、甜菜等；甜菜夜蛾主要为害十字花科甘蓝、花椰菜、白菜、萝卜，还可为害茄果类、瓜类、豆类、胡萝卜、蕹菜、苋菜、莴笋、葱等蔬菜。

3 种夜蛾均以幼虫为害叶片。初孵幼虫集中在所产卵块叶背群集取食叶肉，残留表皮，形成透明斑块。3 龄后开始分群为害，将叶片吃成孔洞、缺刻。4 龄后白天隐伏，夜间活动，开始大量进食，蚕食叶片，仅留主脉、叶柄。

2. 形态特征

斜纹夜蛾成虫体长 14～20 mm、翅展 35～40 mm，头、胸、腹都为深褐色，前翅斑纹复杂，2 条波浪状纹中间有明显的 3 条白色斜纹。幼虫体长 33～50 mm，头部黑褐色，胸部颜色多变，有土黄色、青黄色、灰褐色、暗绿色等，背线、亚背线黄色，从中胸至第 9 腹节亚背线内侧有三角形黑斑 1 对，胸足黑色。

甘蓝夜蛾成虫体长 10～25 mm，翅展 30～50 mm，体、翅灰褐色，复眼黑紫色，前翅中央灰黑色环状纹，灰白色肾状纹相邻，后翅灰白色。幼虫 5 龄，初孵幼虫稍黑，老熟幼虫体长约 40 mm，头部黄褐色，胸、腹部背面黑褐色，散布灰黄色细点，各节背面中央有黑色倒“八”字纹。

甜菜夜蛾成虫体长 10～14 mm，翅展 25～30 mm，体、前翅灰褐色，前翅有明显的黄褐色环形纹和肾形纹，外缘有 1 列黑色三角斑。初孵幼虫头黑色，身体半透明；老熟幼虫体长 22～30 mm，体色变化大，有绿色、暗绿色、黄褐色、褐色、黑褐色等，腹部气门下线为明显黄白色纵带，每腹节气门后上方各具有 1 个明显白点。

3. 防治方法

①收获后晚秋或初冬翻耕晒土，消灭部分越冬蛹；水旱轮作，及时清除田间残株落叶及杂草，减少虫害滋生场所；结合农事操作，及时摘除卵块及初孵幼虫集群的叶片，集中销毁，傍晚人工捕捉大龄幼虫，降低虫口密度。

②利用成虫的趋光性，用黑光灯、高压汞灯及频振式杀虫灯诱杀成虫，也可利用成虫的趋化性，用糖醋液诱杀成虫。

③卵期人工释放赤眼蜂、寄生蝇等天敌；幼虫 3 龄前施用 Bt 悬浮剂或 Bt 可湿性粉剂防治。低龄幼虫还可选用卡死克、抑太保、米满悬浮剂防治，高龄幼虫应在傍晚选用除尽、安打、普尊等喷杀。

（四）菜青虫

1. 为害习性

菜青虫是菜粉蝶的幼虫，可为害十字花科、菊科、百合科、苋科、茄科等多种蔬菜，主要为害十字花科蔬菜，尤以厚叶片的甘蓝、花椰菜、油菜、白菜等受害较重。成虫白天活动，以晴天中午活动最盛，其产卵对十字花科蔬菜有很强趋向性，尤以厚叶类的甘蓝和花椰菜着卵量大；幼虫行动迟缓，不活泼。菜青虫以幼虫为害叶片，2 龄前仅啃食叶肉，留下一层透明表皮，3 龄后蚕食整张叶片，造成叶片孔洞或缺刻，严重时叶片全部被吃光，仅残留粗叶脉、叶柄，造成绝产。3 龄前多在叶背为害，3 龄后转至叶面蚕食，4～5 龄幼虫取食量占整个幼虫期取食量的 97%。

2. 形态特征

菜青虫的成虫菜粉蝶,体长 12～20 mm,翅展 45～55 mm,雌虫体为淡黄白色,雄虫体为乳白色,雌虫体型较雄虫略大,雌虫前翅有 2 个黑色圆斑,雄虫仅有 1 个。幼虫初孵时灰黄色,后变青绿色,老熟幼虫体长 28～35 mm,体圆筒形,中段较肥大,体密布细小黑色毛瘤,背部有一条淡黄色纵线,气门线黄色,每节的线上有 2 个黄斑,各体节有 4～5 条横皱纹。

3. 防治方法

①合理布局,避免十字花科蔬菜周年连作;十字花科蔬菜收获后,清除田间残株,消灭残留的幼虫和蛹;早春可覆盖地膜,提早春甘蓝的定植期,避开第 2 代菜青虫的为害。

②在蜜源植物的花上人工捕杀成虫,在蔬菜上捕杀幼虫。低龄幼虫发生初期,可喷施 Bt 悬浮剂或菜粉蝶颗粒体病毒。保护和利用天敌,如蝶蛹金小蜂、赤眼蜂等。

③药剂防治。在卵高峰后 1 周左右,即幼虫孵化盛期至 3 龄幼虫前用药剂防治,常用药剂有 4.5％高效氯氰菊酯、40％菊杀乳油或菊马乳油、20％杀灭菊酯、2.5％多杀菌素(菜喜)悬浮剂、1％甲氨基阿维菌素苯甲酸盐乳油、10.8％凯撒乳油、10％虫螨腈(除尽)悬浮剂、25％(或 30％)灭幼脲 1 号(或 3 号)等。

(五)豆荚螟

1. 为害习性

豆荚螟属鳞翅目螟蛾科,别名豆野螟、豇豆荚螟、豇豆钻心虫,主要为害豇豆、菜豆、蚕豆、扁豆、四季豆、豌豆、大豆(毛豆)等豆科作物,以豇豆受害最重。该虫对温度适应范围广,10～36 ℃均能生长发育,几乎全国各地都有发生。

幼虫为害豆叶、花及豆荚,初孵幼虫蛀入花蕾或嫩荚内,取食幼嫩子房、花药及幼嫩种粒,造成花蕾、嫩荚脱落。3 龄后幼虫大部分蛀入荚内食害豆粒,蛀入孔圆形,每荚 1 头幼虫,少数 2～3 头,荚内及蛀孔外堆积粪便,被害荚在雨后常会腐烂;少数也可吐丝卷叶为害,在内蚕食叶肉,只留下叶脉。

2. 形态特征

豆荚螟成虫体长 10～13 mm,翅展 24～26 mm,体灰褐色或暗黄褐色。前翅狭长、灰褐色,沿前缘有条白色纵带,近翅基 1/3 处有一条金黄色宽横带,后翅黄白色半透明,外缘褐色。幼虫 5 龄,初孵幼虫淡黄色,老熟幼虫体长约 14～18 mm,背面紫红色,腹面绿色,前胸背板近前缘中央有"人"字形黑斑,其两侧各有黑斑 1 个,后缘中央有 2 个小黑斑。

3. 防治方法

①避免豆科植物连作,与非豆科作物轮作,最好水旱轮作;及时清除田间落花、落荚,摘除被害卷叶和果荚,集中销毁;在花期和结荚期灌水数次,消灭入土幼虫;深翻土地,使幼虫和蛹暴露在外,被天敌捕食。

②于产卵始盛期释放赤眼蜂;老熟幼虫入土前,田间湿度高时,可施用白僵菌粉剂,减少化蛹幼虫数量。

③在盛蛾期和卵孵化盛期喷药可毒杀成虫及初孵幼虫,可用药剂有 90％晶体敌

百虫、48%乐斯本乳油、8%杀虫素乳油、5%抑太保乳油、5%卡死克、20%除尽悬浮剂、50%杀螟松乳剂等,注意药剂交换使用。

(六)黄曲条跳甲

1. 为害习性

黄曲条跳甲属鞘翅目叶甲科害虫,俗称狗虱虫、跳虱,简称跳甲,常为害叶菜类蔬菜,以甘蓝、花椰菜、白菜、菜薹、萝卜、芜菁、油菜等十字花科蔬菜为主,也为害茄果类、瓜类、豆类蔬菜。黄曲条跳甲在我国1年发生4~8代,在华南多地无越冬现象,可终年繁殖,存在世代重叠。一般春季为害重于秋季,盛夏高温季节为害较少。

黄曲条跳甲以成虫、幼虫产生为害。成虫食叶,以幼苗期为害最重,刚出土幼苗子叶被吃后,可致整株死亡,造成缺苗;稍大幼苗真叶被吃后形成很多孔洞,呈筛网状;成虫在留种田中主要为害花蕾和嫩荚。幼虫生活在土中,为害根部,蛀食根皮,常将须根咬断,致使幼苗或幼株萎蔫死亡。受害植株还易从伤口感染细菌性软腐病。

2. 形态特征

黄曲条跳甲成虫体长约2 mm,长椭圆形,黑色有光泽,前胸背板及鞘翅上有许多刻点,排成纵行;背部鞘翅中央各有一条黄色纵斑,纵斑外侧中部凹曲很深,内侧中部直形仅前后两端向内弯曲,后足腿节膨大,善跳;略有趋光性,有明显的趋黄色和嫩绿色习性,对黑光灯敏感。老熟幼虫体长4 mm左右,长圆筒形,尾部稍尖,头部、前胸背板淡褐色,胸腹部黄白色,各节有不显著的肉瘤。

3. 防治方法

①播前深翻晒土,以消灭土壤中部分虫蛹;冬季清除残株落叶,铲除田间沟边杂草,消灭其越冬场所;尽量避免十字花科蔬菜连作,最好水旱轮作,减轻为害;结合防治其他害虫;采用黑光灯诱杀成虫;利用寄生蜂、蟥类及病原线虫等多种天敌的自然控制作用来防治。

②药剂防治在成虫活动盛期(春、秋季在中午前后,夏季在早晨和傍晚)用药,常用药剂有Bt乳剂、25%(或30%)灭幼脲1号(或3号)、40%菊杀乳油、10%氯氰菊酯乳油、2.5%溴氰菊酯乳油等。幼虫防治于菜苗出土后,在幼龄期及时用药剂灌根或撒施颗粒剂防治,常用药剂有5%锐劲特悬浮剂、3%氯唑磷颗粒剂、5%辛硫磷颗粒剂等。

(七)潜叶蝇

1. 为害习性

潜叶蝇又称叶蛆,是双翅目蝇类中以幼虫潜食植物叶片的一类害虫。目前为害蔬菜的潜叶蝇有10多种,常见的主要有美洲斑潜蝇、南美斑潜蝇、豌豆潜叶蝇。

潜叶蝇寄主植物多,但最喜食豆科、葫芦科等蔬菜植物。1年发生数代,世代重叠,为害盛期一般在5—10月。幼虫潜叶为害,叶片正面或前面表皮出现灰白色蛇状蛀道,蛀道内明显可见为害的幼虫,蛀道两侧有交替排列的黑色线状虫粪。

2. 形态特征

潜叶蝇成虫体长1.3~3.7 mm,浅灰黑色,胸背板亮黑色,体腹面黄色,雌虫体比雄虫大;幼虫蛆状,初孵化近无色,渐变为浅黄绿色,后期变为橙黄色,长约3 mm。幼虫初孵半透明,随虫体长大渐变为乳白色,后变黄白色。老熟幼虫长 2.8~3.5 mm。

3. 防治方法

①合理布局作物结构,实行轮作、间作等多样化种植,避免豆科、葫芦科、十字花科等连片种植;及早清理前茬作物的残枝落叶、杂草等,集中深埋或烧毁,以消灭虫源;结合田间管理,及时摘除带虫叶片集中销毁。

②在保护地通风口和门等处设置防虫网,防止成虫飞入;在田间设置黄板、杀虫灯进行诱杀,黄板设置应高出作物 10 cm 左右。在保护地,还可释放绿姬小蜂、潜蝇茧蜂等天敌。

③可在幼虫 2 龄前,蛀道不超过 10 mm 时的幼虫低龄期或成虫羽化高峰期,于上午进行喷药防治,常用药剂有 75%灭蝇胺可湿性粉剂、5%抑太保、10%除尽、20%氰戊菊酯乳油、50%辛硫磷乳油、10%吡虫淋可湿性粉剂、25%喹硫磷乳油、20%斑潜净微乳剂、40.7%乐斯本乳油、50%蝇蛆净乳油等,每 7 d 左右喷施 1 次,叶片正反面都要喷到,连续 2~3 次,药剂应交替使用,采收前 10~15 d 禁止喷药。

(八)蓟马

1. 为害习性

在我国蔬菜上发生的蓟马有 20 多种,其中为害较重的有西花蓟马、棕榈蓟马、烟蓟马等。蓟马一年四季均可发生,冬季温室大棚中发生较重。繁殖快,世代重叠,发生高峰期在秋季或入冬的 11—12 月,3—5 月则是第 2 个高峰期。蓟马以成虫和幼虫锉吸植株幼嫩组织汁液。嫩叶、嫩梢被害会变硬卷曲枯萎;叶面上有密集的小白点或长条状斑块,叶脉变黑褐色,叶片逐渐皱缩、干枯;受害嫩梢节间变短,生长缓慢。花器受害,初为白斑,后期变褐色,严重时逐渐枯萎凋落。幼嫩果实被害,会产生疤痕,疤痕随果实膨大而扩展,呈现不同形状、不同程度的木栓化,严重时造成落果。蓟马不仅会直接为害作物,还可以传播病毒病。

2. 形态特征

蓟马雌成虫体长 1.0~1.7 mm,雄虫 0.8~0.9 mm,浅黄色至深褐色,触角 7 节。雄虫与雌虫形态相似,但体形较瘦小体色淡。卵长约 0.2 mm,由肾形到卵圆形,初产乳白色,而后黄白色。无翅,仅有翅芽。

3. 防治方法

①采用穴盘育苗或营养土育苗,与生产区域隔离;适时移栽,错开蓟马为害高峰期;定植前清除田间及附近杂草、枯枝残叶,集中烧毁或深埋,减少虫源;加强肥、水管理,促使植株生长健壮,增强自身抵抗能力。

②利用蓟马趋蓝色的习性,在田间设置蓝色粘板,诱杀成虫,粘板高度与作物持平。人工释放小花蝽、猎蝽、捕食螨等天敌。

③在蓟马发生为害高峰期进行药剂防治,常用药剂有 5%高氯·啶虫脒乳油、3%啶虫脒乳油、0.3%印楝素(刹蓟马)、4.5%高氯乳油、10%吡虫啉可湿性粉剂、5%溴虫氰菊酯等。重点喷施花、嫩梢、叶片背面及地面,喷药要做到均匀、细致,每 5~7 d 喷施 1 次,连续 2~3 次,注意药剂交替轮换使用。

（九）蛴螬

1. 为害习性

蛴螬别名白土蚕、核桃虫，可为害茄果类、瓜类、叶菜类、薯芋类等多种蔬菜。蛴螬在地下部活动，咬食种子、幼嫩的根、茎和块茎，有时会将块茎吃去一半，或食成洞状。此外，蛴螬造成的伤口还可诱发病害。

蛴螬1～2年繁殖1代，幼虫和成虫在土中越冬，白天藏在土中，晚上8—9时进行取食等活动。蛴螬有假死和负趋光性，并对未腐熟的粪肥有趋性，喜欢生活在甘蔗、木薯、番薯等肥根类植物种植地。幼虫蛴螬始终在地下活动，与土壤温湿度关系密切。当10 cm土温达5 ℃时开始上升至土表，13～18 ℃时活动最盛，23 ℃以上则往深土中移动，至秋季土温下降到其活动适宜范围时，再移向土壤上层。

2. 形态特征

蛴螬是金龟甲的幼虫，体肥大，弯曲呈"C"形，多为白色，少数为黄白色；头部褐色，上颚显著，腹部肿胀；体壁较柔软多皱，体表疏生细毛。头大而圆，多为黄褐色，生有左右对称的刚毛；蛴螬具胸足3对，一般后足较长；腹部10节，第10节称为臀节，臀节上生有刺毛。

3. 防治方法

①实行水、旱轮作；有机肥料充分腐熟；发生严重地区，可利用秋冬翻地将越冬幼虫翻到地表使其风干、冻死或被天敌捕食。

②田间成虫盛发期，合理布置频振式杀虫灯或黑光灯诱杀成虫；或在傍晚时利用成虫的假死性，进行人工捕杀。

③播种期可应用Bt菌粉（100亿芽孢/g）、白僵菌粉剂（40亿芽孢/g）、绿僵菌粉剂（20亿芽孢/g）按药种比1∶10的比例拌种；在作物生长季节，每亩可用白僵菌粉剂（40亿芽孢/g）1.5kg、绿僵菌粉剂（20亿芽孢/g）1.5 kg兑水100～150 kg灌根。

④用50%辛硫磷乳油1000倍液，或80%敌百虫可湿性粉剂1000倍液，或25%甲萘威可湿性粉剂800倍液，或1.8%阿维菌素乳油1500倍液，或80%敌敌畏乳油1500倍液等进行灌根，每穴用药液200～250 mL即可。

四、作业与思考

①总结蔬菜主要害虫的为害特点、形态特征及防治措施，并写出实践报告。

②实践并分析使用不同的防治方法或不同药剂对同一虫害产生的影响，并写出实践报告。

③参观蔬菜生产基地，调查当地害虫及其为害的蔬菜，并写出实践报告。

实践 15　常见蔬菜采收与采后处理

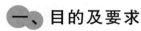 **一、目的及要求**

通过实地采收实践,要求学生掌握常见不同种类蔬菜的采收标准、采收时间和采收方法,并能根据不同种类蔬菜特点,进行适宜的采后处理。

二、材料与工具

（一）材料

成熟待采收的叶菜类蔬菜(如芹菜、菠菜、生菜等)、茄果类蔬菜(如辣椒、茄子、番茄等)、豆类蔬菜(如菜豆、豇豆、豌豆等)、瓜类蔬菜(如黄瓜、南瓜、丝瓜、苦瓜等)、根类蔬菜(如萝卜、胡萝卜等)、薯芋类蔬菜(如姜、马铃薯、芋、山药等)。

（二）工具

锄头、剪刀、刀、箱、筐、运输工具、包装工具等。

三、实践方法与步骤

（一）叶菜类

1. 采收标准

芹菜:品种不同,采收标准不同。中国芹菜,每簇幼苗高 30～40 cm,开始间拔采收,株高 60～70 cm 全面采收。西洋芹菜,一般定植 75 d 后,心叶直立向上,心部充实时采收。

菠菜:一般在幼苗高 15～20 cm 时开始间拔采收或分批割收,见有少数开花时全面采收。

蕹菜:幼苗高 20～25 cm 时即可间拔采收或分批割收,旺盛生长期每周采摘 1 次,采收 3～4 次后,适当重采,仅留 1～2 节即可。

苋菜:播种后 40～45 d、苗高 10～12 cm、具 5～6 片叶时陆续间拔采收,每次采收时基部留桩约 5 cm。

生菜:散叶生菜采收标准无严格要求,可根据市场需要随时采收,一般定植后40 d 开始分批采收。结球生菜的采收要及时,根据不同品种及不同栽培季节而定,一般定植后 40～70 d,叶球形成,用手轻压有实感即可采收。

茼蒿:一般播种出土后 35 d 左右、苗高 14～16 cm 即可间拔采收,或间拔采收 1～2 次后留 1～2 节采摘,见有少数开花时全面采收。

不结球白菜:从 4～5 片叶的幼苗到成长植株都可陆续采收,一般夏白菜定植后 20～25 d 采收,秋白菜定植后 30～45 d 采收。

2. 采收及采后处理

采收:连根拔起、掐采,或用刀、剪刀按标准收割。

整理:连根拔起的随即切根,去除老叶,剔除幼小或感病植株,清洗去除污泥。

分级:同一品种或相似品种,长度、粗细基本均匀,形状整齐,色泽基本一致等,具体分级标准可参考表 15-1。

包装:分级后的叶菜可打捆,或用包装纸、保鲜膜、包装盒、保鲜袋等包装,包装后装箱配送。

(二)茄果类

1. 采收标准

番茄:番茄果实成熟分 6 个阶段,分别是绿熟期、白熟期、转色期、粉红期、亮熟期、红熟期。进入绿熟期后,直到成熟,果实质量和大小变化较小,因此远距离销售可在绿熟期到白熟期采收,近距离销售可在转色期到粉红期采收,就地销售或直接食用可在亮熟期和红熟期采收。

茄子:茄子以嫩果供食用,一般在开花后 20～25 d 可以采收嫩果,早熟品种定植后 40～50 d 即可开始采收,中熟品种定植后 50～60 d,晚熟品种需 60～70 d。茄子采收的依据为"茄眼"的宽度,"茄眼"是萼片与果实相连的地方,有一白色到淡绿色的带状环。如果这条环带宽,表示果实正在迅速生长,组织柔嫩,不宜采收;若这条环带逐渐趋于不明显或正在消失,表明果实的生长转慢或果肉已停止生长,应及时采收。

辣椒:不同的辣椒品种采收标准不同。一般用于鲜食和炒食的青椒,应在果实充分膨大已定形、果肉增厚、质地脆嫩、果色变深、具有光泽、有辣味时采收。用来干制或盐渍的红椒,则应在生物学成熟时采收,过早采收会影响品质。普通菜椒在果实长到应有的长度和粗度,果色嫩绿至暗绿,果皮变硬,用手按压果面表现出比较强的弹性,果皮变亮、有光泽时采收。

2. 采收及采后处理

采收:早晨为宜,避免中午气温高时采收,采收时连同果柄一起采摘,为防治撕裂枝条,可用剪刀剪采,从果实果柄基部剪下。轻拿轻放,防止机械损伤,保持表面清洁。

整修:采摘后尽快整修,使果面清洁,无污染物或其他外来物,剔除腐烂、灼伤、有虫咬伤口的果实。

分级:茄果类蔬菜的初步分级,主要按大小进行,具体可参考表 15-1。

包装:分级后包装,可选择气调包装、包装盒、托盘＋保鲜膜、周转筐等包装方式,选择的包装材料型号应与蔬菜产品规格匹配,既要避免挤压,也要减少浪费。

(三)豆类

1. 采收标准

豇豆:一般开花后 10～13 d 豆荚充分长成,此时嫩荚已饱满,而种子痕迹尚未显露,为采收适期。初产期 4～5 d 采收一次,盛产期隔 1～2 d 采收一次。

菜豆:嫩荚应在开花后 10～15 d 采收,气温较低可在开花后 15～20 d 采收,当豆荚由扁变圆,颜色由绿转为淡绿,外表有光泽,种子略显或尚未显露时应立即采收。

荷兰豆:以嫩梢供食,一般苗高 20 cm 左右可开始采收,每隔 7～10 d 采收一次;以嫩荚供食,豆荚种子显露变松软前采收为宜;以种子供食,豆荚种子显露变松软,豆荚黄绿色至淡黄色时采收。

2. 采收及采后处理

采收:可折收或剪收,注意不可弄断枝蔓,不可碰掉小花、幼荚。

贮藏:选择阴凉、通风、清洁、卫生的地方作为临时贮藏场所,防止烈日暴晒、雨淋,采收后将豆类蔬菜在存放场所堆码整齐,防止挤压造成损伤。

分级:豆类蔬菜的初步分级,主要按大小、长短进行,具体可参考表 15-1。

包装:将分级后的豆类蔬菜进行包装,菜豆、豌豆可选择包装盒、托盘＋保鲜膜等包装,豇豆可直接捆扎,包装后直接装箱配送。

(四)瓜类

1. 采收标准

黄瓜:黄瓜采收标准因品种、地区气候和管理水平而异。优质成熟嫩瓜一般在雌花谢花后 8～10 d 采收,采收标准是瓜条大小适宜、粗细均匀、花冠尚存带刺。采收时畸形瓜、坠秧瓜要提早摘除,以免影响蔓叶和后续瓜的生长。初期每 2～3 d 采收一次,结瓜盛期每 1～2 d 采收一次。

苦瓜:苦瓜老嫩均可食用,嫩果一般开花后 12～15 d 采收,采收标准是果实瘤状突起饱满、果皮具光泽、果顶颜色变浅。

南瓜:南瓜老嫩均可食用,采收标准要根据各地区的消费习惯和市场需求情况而定。嫩南瓜一般在雌花开放后 10～15 d 便可开始采收。老南瓜色泽由绿色转为黄色或红色,果面蜡粉浓,果皮坚硬,即可采收,一般是在开花后 30～45 d 可达到老熟程度。

冬瓜:冬瓜老嫩均可食用,一般采收成熟果实。小果型冬瓜一般开花后 21～28 d 达到食用成熟程度即可采收,大果型冬瓜一般要开花后 40～50 d 达到生理成熟程度再采收,即冬瓜茸毛稀少,果皮浅绿,粉皮布满蜡粉。

丝瓜:丝瓜品种多,采收标准不严格,以嫩果供食。一般雌花开花后 10～12 d 采收,果梗光滑稍变色,茸毛减少,瓜身稍硬并饱满、匀称,手握瓜尾部摇动有震动感,果皮柔软时便可采收。

2. 采收及采后处理

采收:选择清晨或傍晚气温较低时采收,避免雨水和露水。一手托住瓜,一手用剪刀将果柄轻轻剪断,要轻拿轻放,防止机械损伤。

摊凉:收后不宜马上堆码,宜放在阴凉通风条件下一段时间,以利于蒸发过多的水分和散发田间带来的热量,便于识别剔除轻微受伤的果实。

分级:初步分级,主要按果实大小进行分级,具体可参考表 15-1。

包装:包装宜采用塑料周转箱或纸箱,将同一等级的瓜类蔬菜放置在同一包装箱内。

(五)根菜类

1. 采收标准

萝卜:肉质根充分膨大,显现该品种肉质根大小、形状、风味、口感等内外典型形态特征时,应及时采收。此时地上部鲜叶形成,生长缓慢,成龄叶叶色转淡,开始变成黄绿色。

胡萝卜:肉质根已充分长大,心叶呈绿色,外叶稍枯黄,味甜且质地柔软时采收。

2. 采收及采后处理

采收:采收要在一天中温度较低时进行,一般在晴天的早晨或者傍晚收获,采用拔出的方式采收,注意轻拿轻放,以免机械损伤。

修整:根据市场和销售要求去除多余的叶片和根系,如果用于直接鲜食或销售,根头上部可留5～6 cm叶柄,如果用于贮藏,则叶丛连同肉质根顶部全部切除。

清洗:清洗去除附着在肉质根上的泥土。

分级:去除不符合商品性要求的肉质根后进行初步分级,具体分级标准可参考表15-1。

包装:按不同等级规格进行包装,大包装一般采用塑料袋包装,每个包装50 kg左右,特殊用途可以采用小包装或礼盒包装。

(六)薯芋类

1. 采收标准

马铃薯:马铃薯采收标准并不严格,一般来说,植株达到生理成熟期后就可以立即收获。马铃薯生理成熟的标志是植株大部分茎叶转黄并逐渐枯萎,匍匐茎与薯块脱离,块茎表皮形成较厚的木栓层,块茎停止增重。

芋:一般在秋末冬初霜降前后茎叶枯黄时采收,长江流域冬季土壤不冻结,可留存于地里,随用随收,可延长供应期。

姜:姜根据用途可分为种姜、嫩姜和老姜。种姜发芽成株后,有4～5片叶时,一般在6月下旬采收,小心扒开土壤将种姜采下,或等新姜成熟后一并采收。嫩姜是在根茎充分生长前采收,一般在8月采收(南方7—10月随时采收),最迟在霜降前收完,以免受冻腐烂。老姜一般于11月中下旬,地上部分开始枯黄,根茎充分膨大老熟时采收。

山药:长江流域霜降前后,茎叶全部枯萎,块茎不再膨大时采收。冬季不是很冷的地区,块茎可留在土中,随时采收。

豆薯:豆薯以生食为主,一般播种后5～6个月肉质根已相当膨大时采收。广东早熟品种于7—8月采收,晚熟品种9—12月采收。长江流域及贵州等地,早中熟品种9月采收,晚熟品种10月采收。

2. 采收及采后处理

采收:①马铃薯、豆薯采收应在晴天和土壤干爽时进行,收获时先将植株割掉,深翻出土后,须在田间稍行晾晒,同时注意不要碰伤薯块。②生姜采收一般选择晴天进行,采收前先浇水,让土壤湿润,然后顺着生姜摆放的方向,用铲刀将土层扒开,露出种姜后用左手按住姜苗根,让其牢固,然后右手或铲刀轻轻向上一掘,取出种姜,或等新姜成熟后一并采收。嫩姜、老姜采收直接挖起即可。③采收山药先将支架及茎蔓一起拔掉,挖掘时先将块茎前面和两侧的土取出,直到沟底见到块茎的最尖端,然后自下而上铲掉块茎背面和两侧的须根。在铲到山药块茎上端时,用左手握住山药上端,右手铲断侧根和贴地表面的根系,将完整的山药取出,注意不可损伤茎皮。

整修摊晾:收获后尽快整修,剔除污物或其他外来物,做到无病虫害、无机械损伤。收到的块根或块茎应摊晾 2～3 h 以散失表面水分,但不宜烈日暴晒。

贮藏:临时场所需阴凉、通风、清洁、卫生,防止烈日暴晒、雨淋、冻害及有毒物质污染。短期贮藏应按品种、规格分别码放,保证足够散热间距。

分级:薯芋类蔬菜的初步分级,按大小、有无明显缺陷进行,具体可参考表 15-1。

包装:包装可采用包装筐,要求牢固、内外壁平整,将分级后的块根或块茎装箱。

表 15-1　常见蔬菜等级划分标准

蔬菜种类	等级			参考标准
	特级	一级	二级	
嫩南瓜	果实大小整齐、均匀;瓜肉鲜嫩,种子未完全形成,瓜肉中未出现木质脉径;修整良好,无病斑,无虫害,无机械损伤,无畸形瓜	果实大小基本整齐、均匀;瓜肉鲜嫩,种子未完全形成,瓜肉中未出现木质脉径;修整较好,无病斑,无虫害,无机械损伤,无畸形瓜	果实大小基本整齐、均匀;瓜肉鲜嫩,种子完全形成,瓜肉中出现少量木质脉径;修整一般,允许有少量畸形瓜	DB51/T 3020—2023《蔬菜采后处理与产地贮藏技术规程》
老南瓜	发育充实,瓜体充分,瓜籽成熟,瓜皮硬实;瓜皮完整,肉质紧密,不松软;瓜形端正,大小均匀;无病斑,无虫害,无机械损伤	发育较充分,瓜体较充实,瓜籽较成熟,瓜皮较硬实;瓜皮完整,肉质较紧密,不松软;瓜形较端正,大小均匀;无机械损伤,瓜上可有 1～2 处微小干疤或白斑	稍过熟或稍欠熟,瓜体基本充实,瓜籽基本成熟,瓜稍软;瓜皮基本完整,肉质较紧密;外观基本完整,瓜形尚端正,颜色、大小尚均匀;瓜上允许有干疤点或白斑	DB51/T 3020—2023《蔬菜采后处理与产地贮藏技术规程》
黄瓜	具有该品种特有的颜色,光泽好;瓜条直,每 10 cm 长的瓜条弓形高度≤0.5 cm;距瓜把端和瓜顶端 3 cm 处的瓜身横径与中部相近,横径差≤0.5 cm;瓜把长占瓜部长的比例≤1/8;瓜皮无因运输或包装而造成的机械损伤	具有该品种特有的颜色,有光泽;瓜条较直,每 10 cm 长的瓜条弓形高度>0.5 cm 且≤1 cm;距瓜把端和瓜顶端 3 cm 处的瓜身与中部的横径差≤1 cm;瓜把长占瓜部长的比例≤1/7;允许瓜皮有因运输或包装而造成的轻微损伤	具有该品种特有色泽;瓜条较直,每 10 cm 长的瓜条弓形高度>1 cm 且≤2 cm;瓜把端和瓜顶端 3 cm 处的瓜身横径与中部的横径差≤2 cm;瓜把长占瓜部长的比例≤1/6;允许瓜皮有少量因运输或包装而造成的损伤,但不影响果实耐贮性	NY/T 1587—2008《黄瓜等级规格》

蔬菜种类	等级			参考标准
	特级	一级	二级	
丝瓜	具有本品种特有的颜色,瓜色均匀;具有本品种特有的形状特征,瓜条均直,无膨大、细缩部分;无畸形果	种子未形成,瓜肉中未呈现木质脉径;具有本品种特有的颜色,瓜色较均匀;部分果实轻微变形,瓜条有较小弯曲,无明显膨大、细缩部分;畸形果率≤2%	种子开始形成,但不坚硬,瓜肉中未呈现木质脉径;基本具有本品种特有的颜色,瓜面允许有少量黄色条纹;部分果实轻微不规则;允许少量有膨大、细缩部分;畸形果率≤5%	NY/T 1982—2011《丝瓜等级规格》
苦瓜	外观一致;瘤状饱满,果实呈该品种固有的色泽,色泽一致;果身发育均匀,质地脆嫩;果柄切口水平、整齐;无冷害及机械伤	外观基本一致;瘤状饱满,果实呈该品种固有的色泽,色泽基本一致;果身发育基本均匀,基本无绵软感;果柄切口水平、整齐;无明显的冷害及机械伤	外观基本一致;果实呈该品种固有的色泽,允许稍有异色;稍有冷害及机械伤	NY/T 1588—2008《苦瓜等级规格》
番茄	外观一致,果形圆润无筋棱(巨棱品种除外);成熟适度、一致;色泽均匀,表皮光洁,果腔充实,果实坚实,富有弹性;无损伤、无裂口、无疤痕	外观基本一致,果形基本圆润,稍有变形;已成熟或稍欠熟,成熟度基本一致,色泽较均匀;表皮有轻微的缺陷,果腔充实,果实坚实,富有弹性;无损伤,无裂口,无疤痕	外观基本一致,果形基本圆润,稍有变形;稍欠成熟或稍过熟,色泽较均匀;果腔基本充实,果实较坚实,弹性稍差;有轻微损伤,无裂口,果皮有轻微的疤痕,但果实商品性未受影响	NY/T 940—2006《番茄等级规格》
辣椒	外观一致,果梗、萼片和果实呈该品种固有的颜色,色泽一致;质地脆嫩;果柄切口水平、整齐(仅适用于灯笼形);无冷害、冻害、灼伤及机械损伤,无腐烂	外观基本一致,果梗、萼片和果实呈该品种固有的颜色,色泽基本一致;基本无软绵感;果柄切口水平、整齐(仅适用于灯笼形);无明显冷害、冻害、灼伤及机械损伤	外观基本一致,果梗、萼片和果实呈该品种固有的色泽,允许稍有异色;果柄劈裂的果实数不应超过2%;果实表面允许有轻微的干裂缝及稍有冷害、冻害、灼伤及机械损伤	NY/T 944—2006《辣椒等级规格》
茄子	外观一致,整齐度高,果柄、花萼和果实呈该品种固有的颜色,色泽鲜亮,不萎蔫;种子未完全形成;无冷害、冻害、灼伤及机械损伤	外观基本一致,果柄、花萼和果实呈该品种固有的颜色,色泽较鲜亮,不萎蔫;种子已形成,但不坚硬;无明显的冷害、冻害、灼伤及机械损伤	外观相似,果柄、花萼和果实呈该品种固有的颜色,允许稍有异色,不萎蔫;种子已形成,但不坚硬;果实表面允许稍有冷害、冻害、灼伤及机械损伤	NY/T 1894—2010《茄子等级规格》

续表

蔬菜种类	等级			参考标准
	特级	一级	二级	
萝卜	形状正常,个体质量差异不大于10%,表皮光滑,色泽正;无裂根、须根、白锈、粗皮、皱缩、畸形及机械伤	形状较正常,个体质量差异不大于20%,表皮光滑,色泽良好;裂根、白锈、粗皮、皱缩、机械伤≤10%,允许稍有弯曲	形状尚正常,个体质量差异不大于30%,色泽尚好;裂根、白锈、粗皮、皱缩、畸形根、机械伤≤20%	NY/T 1267—2007《萝卜》
胡萝卜	外观一致;光滑,肉质根呈该品种固有的色泽,色泽一致;肉质根发育均匀,质地脆嫩,无裂缝;无冷害及机械损伤;顶部无绿色或紫色	外观基本一致;光滑,肉质根呈该品种固有的色泽,色泽基本一致;肉质根发育基本均匀,有愈合的轻微裂缝;无明显的冷害及机械损伤;顶部以下2 cm以内允许有绿色或紫色	外观基本一致;肉质根呈该品种固有的色泽,允许稍有异色;允许因装卸或清洗导致的轻微裂缝或裂纹;稍有冷害及机械损伤;顶部以下3 cm以内允许有绿色或紫色	NY/T 1983—2011《胡萝卜等级规格》
马铃薯	大小均匀;外观新鲜;硬实;清洁,无泥土,无杂物;成熟度好;薯形好;基本无表皮破损,无机械损伤;无内部缺陷及外部缺陷造成的损伤。单薯质量不低于150克	大小较均匀;外观新鲜;硬实;清洁,无泥土,无杂物;成熟度较好;薯形较好;轻度表皮破损及机械损伤;无内部缺陷及外部缺陷造成的轻度损伤。单薯质量不低于100克	大小较均匀;外观较新鲜;较清洁,允许有少量泥土和杂物;中度表皮破损;无严重畸形;无内部缺陷及外部缺陷造成的严重损伤。单薯质量不低于50克	NY/T 1066—2006《马铃薯等级规格》
山药	块茎外观新鲜;个体间长短、粗细均匀,色泽均匀;无机械损伤、疤痕、畸形和缺陷;无明显附着物	块茎外观新鲜;个体间长短、粗细较均匀,色泽均匀;无明显畸形,允许有轻微机械损伤或疤痕,允许有少量土沙附着	块茎硬度适中;允许有轻微畸形和少量杂色;允许有少量机械损伤或疤痕,允许有少量土沙附着	NY/T 1065—2006《山药等级规格》
姜	同一品种形态一致;块茎完整;表面新鲜、光滑,色泽一致;无皱缩失水,无机械损伤,无病虫害造成的损伤	同一品种形态基本一致,块茎较完整;表面较新鲜、较光滑,色泽较一致;表皮无明显皱缩失水和病虫害造成的损伤	同一品种或相似品种,形态允许少量不一致,允许少量不完整块茎;表皮允许轻微皱缩失水和病虫害造成的损伤;允许有发芽迹象;允许有轻微的虫蚀现象;允许轻微的木栓化裂缝	NY/T 2376—2013《农产品等级规格》

蔬菜种类	等级			参考标准
	特级	一级	二级	
芹菜	具有该品种特有的外形和颜色特征;清洁、整齐、紧实(适用时),鲜嫩,切口整齐(如有),无糠心、分蘖、褐茎,无由冷冻、病虫害、机械原因或其他原因引起的损伤	具有该品种特有的外形和颜色特征;清洁、整齐、较紧实(适用时),较鲜嫩,纤维含量较少,切口整齐(如有)基本无糠心、分蘖、褐茎,基本无由冷冻、病虫害、机械原因或其他原因引起的损伤	具有该品种特有的外形和颜色特征;较清洁、较整齐,允许少量糠心、分蘖、褐茎,允许少量由冷冻、病虫害、机械原因或其他原因引起的损伤	NY/T 1729—2009《芹菜等级规格》
菠菜	同一品种;整齐,清洁,完好,鲜嫩;无抽薹、分蘖,无损伤	同一品种;较整齐,清洁,完好,鲜嫩;无抽薹、分蘖,基本无损伤	同一品种或相似品种;较整齐,较清洁,较鲜嫩;允许少量抽薹、分蘖,允许少量由冷冻、病虫害、机械原因或其他原因引起的轻微损伤	NY/T 1985—2011《菠菜等级规格》
结球生菜	形状整齐,结球紧实,修整良好;新鲜、洁净,无烧心和裂球;无机械损伤;个体大小差异不超过均值的5%	形状整齐,结球紧实,修整较好;新鲜、洁净,无烧心和裂球;有轻微机械损伤;个体大小差异不超过均值的10%	形状较整齐,结球较紧实,修整一般;较新鲜、洁净,无烧心和裂球;有轻微机械伤;个体大小差异不超过均值的20%	DB11/T 867.2—2012《蔬菜采后处理技术规程 第2部分:叶菜类》
大白菜	外观一致,结球紧实,修整良好;无老帮、焦边、胀裂、侧芽萌发及机械损伤等	外观基本一致,结球较紧实,修整较好;无老帮、焦边、胀裂、侧芽萌发及机械损伤等	外观相似,结球不够紧实,修整一般;可有轻微机械损伤等	NY/T 943—2006《大白菜等级规格》
叶用莴苣	植株大小一致;叶型(叶色、叶脉、叶柄)完整;大小均匀;叶茎颜色一致、质地鲜嫩;无损伤,无病斑点或其他伤害	植株大小基本一致;叶型(叶色、叶脉、叶柄)较完整;大小较均匀;叶茎颜色基本一致、质地鲜嫩;无损伤,无明显病斑点或其他伤害	植株大小稍有差异;可有少量损叶、虫咬叶	NY/T 1984—2011《叶用莴苣等级规格》
菜豆	豆荚鲜嫩、无筋、易折断;长短均匀,色泽新鲜,较直;成熟适度,无机械损伤、果柄缺失及锈斑等表面缺陷	豆荚比较鲜嫩,基本无筋;长短基本均匀,色泽比较新鲜,允许有轻微的弯曲;成熟适度,无果柄缺失;允许有轻微的机械损伤、锈斑等表面缺陷	豆荚比较鲜嫩,允许有少许筋;允许有轻度机械损伤,有果柄缺失及锈斑等表面缺陷,但不影响外观及贮藏性	NY/T 1062—2006《菜豆等级规格》

续表

蔬菜种类	等级			参考标准
	特级	一级	二级	
豇豆	同一品种,豆荚发育饱满,荚内种子不显露或略有显露,手感充实;豆荚具有本品种特有的形状特征,形状一致;无病虫害	同一品种,豆荚发育饱满,荚内种子略有显露,手感充实;豆荚形状基本一致;病虫害不明显	同一品种或相似品种,豆荚内种子明显显露;豆荚形状基本一致;病虫害不严重	NY/T 965—2006《豇豆》
荷兰豆	豆荚大小、长短和色泽一致;豆荚无筋;无豆粒或极小;豆荚无缺陷	豆荚大小、长短和色泽较均匀;豆荚基本无筋;豆粒刚刚形成,且很小;允许有轻微的外形、颜色和表面缺陷以及机械损伤	豆荚大小、长短和色泽稍有差异;豆荚有筋;有豆粒,但应较小;允许稍有外形、颜色和表面缺陷和机械损伤,一级轻微萎蔫	NY/T 1063—2006《荷兰豆等级规格》

四、作业与思考

①比较分析不同种类蔬菜采收与采后处理的异同。

②分级在蔬菜产品商品化处理中有何意义?

第三章
花卉生产

实践 16　花卉容器播种育苗

一、目的及要求

花卉播种育苗是花卉繁殖和生产的重要环节,通过花卉容器播种育苗技术操作,学会花卉播前种子的正确处理方法及育苗基质的配制,掌握常见花卉容器播种育苗技术和苗期管理技术。

二、材料与工具

（一）材料

三色堇、千日红、美女樱、万寿菊、醉蝶花、鸡冠花、一串红、洋桔梗、矮牵牛、紫罗兰等一、二年生草本花卉种子,以及其他需要特殊处理的种子如荷花、苏铁等。

（二）工具

播种盘(育苗盘、穴盘等)、播种基质(泥炭土、腐叶土、园土、珍珠岩、蛭石、河沙等)、广谱性杀菌剂、化学消毒剂、牙签、细孔喷壶、筛子、铁锹等。

三、实践方法与步骤

（一）领取种子、查阅资料

登记种名,了解其播种到开花所需时间、生态习性、观赏特性及相关栽培技术要点等,制定相应育苗管理计划。

重点需要查阅了解的内容:①种子的好光性与嫌光性,好光性种子必须在有光条件下发芽或发芽更好,多为小粒种子,缺乏从深土层中伸出的能力,如洋桔梗、报春花、毛地黄等;嫌光性种子则必须在无光或黑暗条件下才能发芽或发芽更好,如雁来红、仙客来、福禄考等。②种子萌发是否需要低温处理,是否需要刻破种皮或经过其他处理才能出苗,以及萌发最适温度、幼苗生长温度三基点(生长最适温度,生长的最高、最低温度)。③是否为浅根性植物,浅根性植物不宜移苗,应露地直播或穴盘育苗,常见的浅根性花卉有金鸡菊、美女樱、矮牵牛、百日草等。

(二)种子播前处理

1. 浸种

浸种目的是使种子吸水膨胀,大多数种子可以在常温水中浸泡 24~48 h,对于不易发芽或发芽缓慢的种子,如珊瑚豆、金茄子、芦笋、君子兰等,可用温水浸泡种子,水温为 40~50 ℃,时间为 24~48 h,待种子吸水膨胀后捞出晾干便可直接播种或催芽。细小种子或自然发芽率高且发芽整齐的种子(如矮牵牛、万寿菊、鸡冠花等)可以不浸种直接播种。

2. 其他处理

(1)挫伤种皮

对于种皮坚硬致密不透水、不透气的种子,比如美人蕉、牡丹、甜豌豆、丁香、蔷薇、荷花等,可在播前机械挫伤种皮,增加透性,再用 40~50 ℃温水浸泡 24~48 h,待种子充分吸胀后再播种,可促进萌发。

(2)药剂处理

对于种皮坚硬致密的种子,也可用腐蚀性的酸碱溶液短时间浸渍处理,通常用浓硫酸、盐酸或 0.5%氢氧化钠浸泡种皮,直到种皮软化变薄,立即用清水洗净后播种。

(3)草木灰拌种或浸种

对于种壳有油蜡的种子(如玉兰等),可采用草木灰加水成糊状拌种,借草木灰的碱分脱去蜡质,以利于种子吸水发芽。也可用草木灰浸种,0.5 kg 草木灰用 2.5~3.5 L 开水冲淋,取其上清液,待温度降到 40 ℃时浸泡种壳有油蜡的种子,泡软后用手反复揉搓,去掉油蜡后再用清水浸种。

(4)低温层积

对于要求在低温和湿润条件下完成休眠的种子,如蔷薇、鸢尾、月季等种子,将其与湿沙混合均匀,置于 1~5 ℃低温环境中,贮藏 2~3 个月,经休眠后,再于春季播种。

(三)育苗基质配制

育苗基质既要有利于种子萌发、根系伸展和附着,又要为根系创造良好的水、肥、气条件。因此育苗基质要求富含有机质、疏松透气、无病虫杂草、保水性强、排水良好。常使用无土基质作为育苗基质,常见无土育苗基质配比为泥(或泥炭土):珍珠岩(或蛭石)=2:1。

为降低成本,也可使用混合土作为育苗基质,配制前土要先过筛,细粒种子用细筛

（网眼 2～3 mm）筛土，中、大粒种子用中筛（网眼 4～5 mm）筛土，常见配制比例如下：

细小种子：腐叶土：河沙：园土＝5：3：2。

中粒种子：腐叶土：河沙：园土＝4：2：4。

大粒种子：腐叶土：河沙：园土＝5：1：4。

（四）育苗基质消毒

配制好的育苗基质，特别以混合土为育苗基质的，在使用前必须消毒，消毒可采用化学药剂或高温等方法，常见的药剂消毒方法是用 0.5％福尔马林喷洒，每 1 m³ 基质喷洒 400～500 mL，拌匀后塑料薄膜密封 1～2 d，揭膜待药味散发后使用；也可使用 50％多菌灵粉剂消毒，用量 50 g/m³，或 70％代森锰锌 40 g/m³，拌匀后薄膜密封 2～3 d，揭膜晾至无味方可使用。

（五）育苗容器选择

花卉生产过程中常使用的育苗容器有穴盘、育苗盘、育苗钵等，应根据花卉品种、育苗周期、花卉规格、种子大小等选择相应的容器。

1. 穴盘

穴盘多由塑料制成，有正方形穴、长方形穴和圆形穴等，规格多样，从 32 孔穴到 512 孔穴不等。可根据种子大小来选择穴盘，一串红、万寿菊、百日草可选用 72 孔穴，矮牵牛、鸡冠花、翠菊等可选用 128 孔穴。

2. 育苗盘

育苗盘也叫催芽盘、育苗平盘，多由塑料铸成，也可用木板自行制作。市场上有正方形和长方形两种形状的育苗盘，育苗盘底部又分有洞和无洞两种，育苗应选有空洞平盘，方便透气、排水，该育苗盘较适合种子细小需要撒播（如金鱼草、三色堇等）、价格不贵、发芽率不高的花卉。

3. 育苗钵

育苗钵是培育幼苗用的钵状容器，也叫营养钵、育苗杯，目前有塑料育苗钵和有机质育苗钵两类，多为黑色，规格多样，适用于某些不耐移栽的直根系花卉，如虞美人等。

（六）装料

基质在填装前要充分润湿，一般湿度以 60％为宜，用手握一把基质，没有水分挤出，松开手会成团，但轻轻触碰，基质会散开。如果太干，将来浇水后，基质会塌沉，造成透气不良，根系发育差。

填装基质时底部稍压实，上部轻压，做到上松下紧，填充高度约为育苗容器的 80％～90％，以便播种后能有盖土的空间。穴盘填料时，穴孔填充程度要确保均匀一致，基质量较少的穴孔干燥的速度往往比较快，会导致后面水分管理不均衡。

（七）播种

1. 撒播

适宜小粒种子（粒径 1.0～2.0 mm）或种子数量大时采用。撒播时，将手接近土面,将种子均匀撒在土面。对于微粒种子(粒径小于 0.9 mm)如金鱼草等,可将种子与细沙或细土混匀后,再一起撒播,一般种子与细沙的比例为 1∶10 至 1∶20。撒播法播种,出苗率相对高,但易因撒播不均造成幼苗拥挤,光照不足,幼苗生长不整齐、不健壮。

2. 条播

适宜中粒种子(粒径 2.0～5.0 mm)或品种多而种子数量少时采用,多用于育苗平盘或露地播种。条播时,先开条状浅沟,然后均匀播种于沟内。用条播法播种,幼苗光照充足,生长健壮,但出苗量不及撒播法。

3. 点播

适宜大粒种子(粒径≥5.0 mm)或种子细小但数量少时采用,多用于穴盘播种或露地播种。每穴点播 1～2 粒种子,种子细小时可用牙签粘种子点播。用点播法播种,生长最为健壮,但出苗量最少。

(八)覆土

播种后是否覆土,以及覆土厚度对种子发芽率的影响十分重大。是否要覆土要根据种子萌发需光特性来决定,好光性种子可不覆土,或覆土薄些以便于胚根入土,嫌光性种子必须覆土。覆土厚度要根据种子大小确定,一般覆土厚度为种子粒径的 2～3 倍,大粒种子宜厚,小粒种子宜薄,以不见种子为度。覆土可用播种基质、细沙或蛭石,微粒种子的覆土材料应用细筛筛过。覆土后,可用手轻轻按压,使基质与种子接触紧密。

(九)浇水(浸水)

播小粒种子时,可将育苗基质充分浇透后,再进行播种,也可播种后再浇水;较大粒种子一般是先播种后浇水。浇水的方法有"底部浸渍法",双手提住播种盘,将其下部浸入装有清水的水盆中,利用虹吸原理使水从下向上浸湿,直到土面全部湿润即可(忌吸水过多超过土面)。还可使用传统喷壶浇水法,从上往下浇,喷壶应选用带雾化的喷头或喷水细密的喷壶,或直接在土面上铺放湿纸巾再浇水,以免水量过大冲击土表而冲掉种子。

(十)覆盖、做标记

播种盘上方盖上玻璃片、旧报纸或者塑料薄膜(必须留有缝隙)以保持湿润。另外为便于管理及同学间相互识别,做好插牌或挂牌,注明花卉学名、播种日期、播种者姓名等信息。

(十一)播后管理

1. 放置环境

播种盘宜放在通风、没有太阳直射、不受暴雨冲刷的地方,如温室苗床。播种盘不必每天淋水,但要经常翻转玻璃片或掀开塑料薄膜,湿度太大时玻璃片要架起一侧,以透气。子叶出土后及时揭去覆盖物,并逐渐移于日光照射充足之处。

2. 间苗

出苗太密时,容易导致幼苗徒长及病虫害的发生,应及时间苗。按栽培种苗大小特点,间距一般为 1.0～4.0 cm,间苗时拔除多余的密植苗,除去混在幼苗间的杂草或其他品种幼苗。同时注意选优去劣,即选留强健苗,拔去柔弱、徒长或畸形苗等。在第一次间苗前如果基质发干,用喷雾喷壶给水,间苗后再用细孔喷壶洒水浇灌。

3. 分苗

一般出苗后 15～30 d(具 3～5 片真叶时)进行分苗,将播种盘内幼苗分别移栽至营养钵(或花盆)内。不耐移栽的直根系花卉不用分苗,对于育苗期短的草本花卉提倡只分苗 1～2 次,分苗后逐渐加强肥、水管理。分苗时,育苗土干燥发白的,需先浇少量的水润湿播种盘内的育苗土,以使湿润的土壤附着在根系上,避免起苗时根系受伤。育苗土过湿时,应在其略干后再移苗,否则土过于黏不利于分苗时进行松土操作,幼苗粘连在一起,硬拉分苗易断根。

四、作业与思考

①播种育苗适用于哪些花卉?有何优缺点?

②播种育苗前有哪些必要的处理措施?

③播种育苗有哪些常见育苗容器,应如何选择?

④记录播种育苗的整个操作过程,将种子萌发情况和幼苗生长情况数据填入表16-1,分析影响种子发芽率、出苗率和幼苗质量的因素,并提出提高萌发率、出苗率和幼苗质量的可能途径与措施。

表 16-1　花卉播种育苗记录

花卉名称	播种方式	发芽时间	发芽率/%	发芽势/%	第1片真叶出现时间	幼苗长势	幼苗整齐度	出苗率/%	移苗时间

实践 17 花卉扦插育苗

目的及要求

扦插育苗是花卉生产上广泛应用的一种育苗方法。通过花卉扦插育苗实践,了解扦插繁殖的基本原理,掌握花卉扦插育苗的方法和主要技术,掌握提高扦插成活率的关键技术。

材料与工具

(一)材料

三角梅、月季、蔷薇、虎尾兰、落地生根、含笑、一品红等适宜扦插繁殖的花卉种类。

(二)工具

扦插苗床或花盆、遮阳网、扦插基质(河沙、珍珠岩等)、枝剪、ABT 生根粉、萘乙酸(NAA)、吲哚乙酸(IAA)等。

实践方法与步骤

(一)扦插原理

扦插以植物的再生能力为基础,这种再生能力也是植物细胞全能性的一种表现形式,植物细胞全能性是指植物每个细胞都具有该植物体全部的遗传信息和发育成完全植株的能力。因此,扦插育苗是利用植物营养器官具有再生能力,切取其茎、叶、根等的一部分,插入生根基质中,使其生根发芽成为新植株的繁殖方法。目前花卉扦插育苗主要适用于不易产生种子的花卉,如菊花、一品红等,或为了降低种子成本,或为了提前开花,而扦插又容易生根的品种。根据插条所取部位的不同,扦插主要分为茎插(枝插)、叶插、叶芽插、根插这四类,茎插又分硬枝扦插、半硬枝扦插及软枝扦插。

(二)插床和基质准备

扦插床是目前生产上大量繁殖时使用较普遍的一种,通常宽 1 m 左右,长度根据需要而定。扦插床四壁可用砖砌成,高 45~50 cm,插床内铺厚约 20 cm 的卵石、碎砖瓦等排水物,上面是一层厚约 20 cm 的扦插基质。

少量繁殖可用大口径的花盆、木桶或木箱等作扦插床,下部填充厚约 20 cm 的卵石、碎砖块等排水物，上面铺 20 cm 厚的扦插基质，顶部用竹片等物做一拱形支架，再用塑料薄膜覆盖密封，光线太强时可稍遮阳。

扦插基质要求干净、疏松透气，易保持湿润且排水良好，不需要含营养成分。通常应用较多的有河沙、泥炭、蛭石、珍珠岩等，可单独使用其中一种或将两种以上按一定比例混合。插床顶部有用竹片或钢筋组成的拱形支架，用塑料薄膜封盖保湿。需要时，顶部用苇帘或竹帘遮阴。

（三）选择适宜扦插时间

扦插时间要根据花卉的种类、品种、气候管理方法而定；通常分为生长期的软枝扦插和休眠期的硬枝扦插两大类。

生长期扦插：一般生长季（生长最旺盛期），随采随插，是采用一些木本和草本花卉的半硬枝或嫩枝作插穗进行扦插。多数木本花卉一般在当年生新枝第一次生长结束时，或开花后 1 个月左右，约在 5—8 月，可进行半硬枝扦插。草本花卉对扦插繁殖的适应力较强，大多可在春、夏、秋等季节扦插。

休眠期扦插：一些落叶木本花卉的硬枝扦插，应选择在植株枝条中养分积累最多的时期，在秋冬季落叶后至春季萌发前的休眠期（11 月到次年 2—3 月）进行。

温室花卉在温室生长的条件下，周年保持生长状态，因此，不论草本或木本花卉在四季均可扦插，但从其生长习性讲，以春季最佳，其次是秋季，再次是夏季和冬季。

（四）插穗剪取

1. 硬枝扦插

休眠期选取生长成熟已完全木质化的 1～2 年生的粗壮枝条，将其剪成 10～20 cm 长且带有 3～4 个芽的枝段作为插穗。插穗上剪口离顶芽 0.5～1.0 cm，下剪口一般靠节部，上下剪口一般为平面，下剪口也可是斜面，剪口要平滑不裂。该法多用于落叶木本花卉如月季、紫薇、一品红、木芙蓉等。如果暂时不扦插，插穗可保湿冷藏或封蜡贮藏。

2. 半硬枝扦插

生长季节选取当年生半木质化枝条，将其剪成 10～15 cm 长且带有 3～4 个芽的枝段作为插穗，剪去下部叶片，保留顶端 2～3 片叶片，若保留叶片过大，再剪去叶片的 1/4～2/3。该法多用于常绿、半常绿木本花卉，如米兰、栀子花、茉莉、山茶花、三角梅、杜鹃等。

3. 软枝扦插

软枝扦插也称嫩枝扦插、绿枝扦插。在生长季节选取发育充实的嫩枝梢，梢端过于幼嫩的部分不可用，将选取的嫩枝剪成 10～15 cm 长且带有 3～4 个芽的枝段作为插穗，剪去下部叶片，仅留顶端 2～3 片叶片。该法多用于草本花卉，如菊花、香石竹、四季海棠、一串红、绿萝等。

4. 叶插

剪取成熟叶片作为插穗材料。多用于有粗壮叶柄、叶脉或肥厚的叶片，自叶上易发生不定根及不定芽的草本花卉，如虎尾兰、燕子掌、豆瓣绿、落地生根等。

5. 叶芽插

在生长季节选取叶片成熟、腋芽饱满的枝条,将其剪成 1 芽 1 叶的插穗,长度为 5～10 cm。该法多用于腋芽再生能力强的一些花卉,如天竺葵、菊花、八仙花、大丽花等。

6. 根插

休眠期(晚秋或早春)选取粗壮的根或肉质根,将其剪成 5～15 cm 的根段作为插穗。该法多用于根部能发生新梢的宿根花卉,如芍药、福禄考、凌霄、紫藤等。

(五)插穗处理

1. 浸水处理

经过冬季贮藏的休眠枝,其插穗内水分有一定的损失,因此扦插前宜将插穗浸泡于清水中 48～72 h,每天换水 1～2 次(或于流水中浸泡),使插穗吸足水分后再扦插,有利于生根、抗旱,对于消除或抑制生物物质也有一定作用。

2. 干燥处理

对于含水分或乳汁较多的草本、木本花卉,如桑科、大戟科、仙人掌科、景天科等的部分花卉,剪取插穗后立即蘸取草木灰或木炭粉,使其收干水分,待插条稍干后再扦插。

3. 营养处理

用维生素、糖类及氮素处理插穗,也是促进生根的措施之一。常用 5%～10% 蔗糖溶液浸泡插穗基部 12～24 h,扦插前将浸泡过的插穗基部用清水冲洗干净,以免感染病菌。

4. 激素处理

对于较难生根的植物使用生长激素类植物生长调节剂处理,可以促进生根。常用的激素有萘乙酸(NAA)、吲哚乙酸(IAA)、吲哚丁酸(IBA)等,具体处理方法如下:

①水剂处理:先用少量酒精将生长激素粉剂溶解,后用水稀释,配制成原液,然后根据需要配制成不同浓度处理液。一般硬枝扦插,20～200 mg/L,浸数小时至一昼夜;嫩枝扦插,10～50 mg/L,浸数小时至一昼夜。也可采用高浓度溶液快蘸法,一般用 500～2000 mg 溶液,将插穗在溶液中快浸 3～5 s。

②粉剂处理:生长激素粉剂经酒精溶解后,用木炭、滑石粉或其他粉末与之混合配制成 500～2000 倍不等的糊状物,然后烘干或晾干研磨成粉末使用。使用时先将插穗基部用清水浸湿,然后再蘸粉扦插。

(六)扦插操作

1. 硬枝扦插

扦插深度一般为插穗长的 1/3～1/2,直插或斜插,确定好行株距后,扦插前可先用木棍或竹签在基质上扎孔,以免损伤插穗基部剪口表面,然后轻轻压实,扦插后立即浇水。

2. 半硬枝扦插

确定好行距后,在插床上开沟,将插穗按一定的株距(以叶片不拥挤、不重叠为原则)摆放于沟内,或放入已打好的孔内,然后覆盖基质,轻轻压实,使得插穗与扦插基质紧贴。扦插不宜过深,插入深度一般为插穗长的 1/3～2/3,扦插后立即浇水。

3. 软枝扦插

扦插前湿润插床,确定好行株距后,插床上开沟或打孔,放入插穗,插入深度为插穗长的 1/3～1/2,轻轻压实后立即浇水。

4. 叶插

(1)全叶插

以完整叶片为插穗,通常自叶脉或叶缘生根的采用平置法,叶柄生根的采用直插法。

①平置法:切去叶柄,将叶片平铺于扦插基质面上,稍加固定,确保叶片与基质紧密接触。适用于大叶落地生根、蟆叶秋海棠等。为促进生根,还可用小刀将粗壮叶脉或叶缘划伤再平置。对易从叶柄处生根但无叶柄或叶片短小肥厚的花卉,如景天科的宝石花、玉米景天等也可采用平置法。

②直插法:适用于叶柄部位生根的种类,如大岩桐、非洲紫罗兰等。扦插时将叶柄直插入基质即可,插入深度为叶柄的 2/3。

(2)片叶插

片叶插通常采用直插法。将成熟叶片分切数块,每块需带主脉(具掌状脉的纵切,其余横切),并剪去叶缘较薄部位,然后直插入土,深度为片叶长度的 1/3。而虎尾兰类则是将叶片分切成 7～8 cm 叶段,扦插深度为叶段 1/3～1/2。片叶插要注意极性运输,且不可使叶片上下颠倒,虎尾兰尤为如此。

5. 叶芽插

将插穗直插入插床,仅露出牙尖或叶片即可。对于叶片较大的花卉,为减少插穗水分蒸发,通常可横向剪去 1/2 叶片。

6. 根插

将剪好的根段直插或斜插于插床中,上下不可颠倒,根段上端与基质持平或略高。某些草本植物的根,可剪成 3～5 cm 根段,直接横埋插床基质中,深度约 1 cm。

(七)扦插后管理

1. 温度管理

温度对插穗生根有很重要的作用,温度适宜生根快。不同种类的花卉,要求温度不同,多数花卉适宜温度为 15～25 ℃;原产于热带种类的要求温度较高,如茉莉、米兰等宜在 25 ℃ 以上;一般生长期嫩枝扦插比休眠期硬枝扦插要求温度高,适宜在 25 ℃ 左右。另外,插床温度高于空气温度对生根有利,以高出 3～5 ℃ 为宜。早春外界气温过低,可通过加温催根,夏秋要防止高温危害,需遮阴降温或喷雾降温。

2. 湿度管理

扦插后包括空气湿度和基质湿度在内的水分管理也是插穗生根的关键。插床周围的空气相对湿度以近饱和为宜,即覆盖的塑料薄膜上有凝聚的小水珠为宜;未覆盖塑料薄膜的插床,其周围的空气相对湿度也应达到 80%～90%。插床基质湿度则不宜过大,否则会引起插穗腐烂,一般插床基质湿度为最大持水量的 50%～60%。

3. 光照管理

适度光照一方面可以提高基质和空气温度,另一方面可使带有顶芽、叶片的插穗通过光合作用,产生生长素以促进生根。但由于插穗已从母株分离,强光照会使插穗温度过高、水分蒸腾过快而导致萎蔫,故扦插初期应适当遮阴,一般遮阴度以70%为宜。当插穗生根后,则可于早晚逐渐加强透光、通风,以增强插穗本身的光合作用,促进根系进一步生长。

4. 其他管理

扦插一段时间后,要检查生根情况,检查时不可硬拔插穗,可轻轻将插穗和基质一起挖出,检查后重新栽入,要先打孔再栽,以免伤根或愈伤组织。插穗生根后,要逐渐减少喷水,降低温度,增强光照,以促进插穗根系的生长。如果根系已生长发达,要及时移栽,以免缺乏营养而老化。

四、作业与思考

①影响扦插生根的主要因素有哪些? 如何提高花卉扦插成活率?

②选择硬枝扦插、半硬枝扦插、软枝扦插、叶芽插或叶插其中的一种,记录其技术操作过程和插后管理,填写表17-1,完成实践报告,分析生根率高或低的原因。

表 17-1　扦插育苗记录

花卉名称	扦插日期	扦插类型	扦插株数	插穗处理处理时间	生根发芽时间	成活率/%	未成活原因

实践18　盆栽花卉培养土(栽培基质)配制

一、目的及要求

熟悉常用盆栽基质的种类和应用特点;掌握常见盆栽花卉培养土(栽培基质)的配制方法及消毒方法。

二、材料与工具

(一)材料

园土、腐叶土、厩肥、河沙、泥炭土、蛭石、珍珠岩、骨粉、塘泥、堆肥土等。

(二)工具

筛子、竹筐、铁锹、pH 计、福尔马林(甲醛)、多菌灵粉剂、喷壶等。

三、实践方法与步骤

(一)培养土配制原则

盆栽花卉种类繁多,生态习性各异,对盆土要求就各不相同。加之盆栽是在一个特殊的小环境,盆容量有限,对水、肥等缓冲能力较差,故对盆栽用土要求较严。因此,盆栽花卉用土,一般由人工配制而成。培养土配制需根据花卉的生态习性、培养土材料的理化性质和当地的土质条件等因素灵活进行调配,需要掌握以下几点配制原则:一是配制好的培养土应具有良好的物理结构,疏松透气,以满足花卉根系呼吸所需的营养;二是要有较好的持水、排水、保肥能力,营养丰富,能不断提供花卉生长发育所需的营养;三是酸碱度要满足所栽培花卉的生长需求;四是防止培养土中有害生物和其他有害物质的滋生和混入。另外,由于花卉生长的外界环境也有差异,因此,培养土的配制需要因地制宜。

(二)培养土配制材料性质

1. 堆肥土

堆肥土由各种牲畜粪便、枯枝落叶、青草、厨余垃圾等经过腐熟后与菜园土混合而制成,是盆花常用的迟效肥料,氮、磷、钾三大元素含量较多,有机质丰富,结构疏松,透气性、保肥保水性、排水性好。

2. 腐叶土

腐叶土是将收集的枯枝落叶、杂草与土壤分层堆积、发酵腐熟后的腐物土。腐叶土具有丰富的腐殖质,疏松肥沃,排水性能良好,具有较好的保水保肥能力。

3. 园土

园土是取自菜园、果园或田园等耕作地的表层熟化的土壤,含有一定腐殖质,并有较好的物理性状,常作为多数培养土的基本材料。

4. 河沙

河沙多取自河滩,通气透水,不含肥力,洁净,土壤酸碱度中性。多用于掺入其他培养材料中以利排水。常作扦插苗床或供栽培仙人掌和多浆植物使用。

5. 塘泥

塘泥由池塘中的淤泥晒干而成。有机质丰富,氮磷钾含量高,晒干打碎后不容易松散破碎,有利于通气透水,也是配制培养土的好材料。

6. 泥炭土

泥炭土是指在某些河湖沉积低平原及山间谷地中,由于长期积水,水生植被茂密,在缺氧情况下,由大量分解不充分的植物残体积累而形成泥炭层的土壤。泥炭土主要取自水藓泥炭地和沼泽泥炭地,风干后呈褐色或黑褐色,pH 在 6.0～6.5 之间,质地松软,持水能力强,有机质含量高,可配制重量轻、质量好、不带病虫害的各种培养土的土料。

7. 珍珠岩

珍珠岩是珍珠岩矿砂经预热,由瞬时高温(1000 ℃以上)焙烧膨胀后制成的一种内部为蜂窝状结构的白色颗粒状材料。珍珠岩轻质、多孔、保水、透气、无毒无害,化学性质稳定,pH 中性,常作为培养土的添加物。

8. 蛭石

蛭石是硅酸盐材料在高温下膨胀形成的矿物材料,按颗粒大小通常分为 1～3 mm、2～4 mm、3～6 mm 三种。蛭石作为培养土的添加物可起到疏松、透气、保水、保肥的作用,pH 值偏碱性,还可中和酸性土壤。但蛭石易碎,使透气和排水性能变差,不可长期使用,使用期不超过 1 年。

另外,砻糠灰、骨粉、厩肥土、山泥、陶粒、锯末、煤渣、蕨根、椰糠等均是配制培养土的好材料。

(三)培养土配制方法

1. 配制比例

配制培养土的配方,没有严格固定的比例,需根据花卉的不同生长习性和培养土材料的性质以及当地的土质条件等因素,灵活调配,常见配制比例可参考表18-1。

表 18-1　不同种类花卉培养土常见配制比例

适用范围	材料成分	体积比
普通草花类	腐叶土(或堆肥土)+园土+河沙+骨粉(或饼肥)	8:6:5:1
一般花木类	泥炭土+园土+河沙+饼肥	6:3:4:1
喜酸耐阴花卉	腐叶土+泥炭土+锯木屑+蛭石(或厩肥土)	4:4:1:1
凤梨科、萝摩科、爵床科、球根类、多肉花卉	泥炭土(或腐叶土)+园土+蛭石+河沙	4:2:2:1
天南星科、竹芋科、苦苣苔科、蕨类及胡椒科花卉	泥炭土(或腐叶土)+园土+蛭石+河沙	5:2:2:1
昙花、令箭荷花等附生型仙人掌类花卉	腐叶土+园土+粗沙+骨粉+草木灰	3:3:3:1:1
仙人掌、仙人球等陆生型仙人掌类花卉	腐叶土+园土+粗沙+细碎瓦片屑	2:3:4:1
肾蕨、万年青、龟背竹等喜阴湿植物	园土+河沙+锯末(或泥炭土)	2:1:1
吊钟花、菊花、虎尾兰等根系发达、生长较旺花卉	园土+腐叶土+砻糠灰+粗沙	2:1:1:1

2. 酸碱度调整

培养土酸碱度(pH 值)对花卉生长影响很大,大多数花卉在中性偏酸(pH 值 5.5~7.0)的土壤中生长良好,高于或低于这一范围,会使有些营养元素处于不可吸收状态,从而导致某些花卉发生营养缺乏症。培养土酸性过高时,可适当掺入一些石灰粉或草木灰;碱性过高时,可加入适量的硫黄粉、腐殖质肥、硫酸亚铁等。常见喜酸性土壤花卉有兰花、栀子、杜鹃、桂花、含笑、广玉兰、山茶、米兰、秋海棠、茉莉、仙客来等,适宜的 pH 值为 5~6;常见喜碱性土壤花卉有仙人掌、仙人、月季、菊花、夹竹桃、扶桑、天竺葵等植物。

(四)培养土消毒

除新的无土基质外,有机类的基质往往存在许多病菌、线虫等有害物质,因此配制的培养土在使用前要消毒,消毒是预防病虫害发生的重要一环。

1. 物理消毒

常用加热消毒法,如家庭盆栽用少量培养土时,可采用蒸笼隔水蒸煮消毒,加热至 80~100 ℃,持续 30~60 min,或将 70 ℃以上的蒸汽通入培养土中,处理 1 h 即可。

2. 化学消毒

化学消毒即药剂消毒,为生产中常用的消毒方法。常用 0.5%福尔马林浇灌培养土,薄膜密封 5~6 d,之后揭膜晾至无味即可;也可用 50%多菌灵粉剂(用量 50 g/m³)或 70%代森锰锌(40 g/m³)加入培养土,拌匀薄膜密封 1~2 d,之后揭膜晾至无味即可。

四、作业与思考

①盆栽花卉培养土为什么需要人工配制？盆栽花卉培养土配制有哪些基本原则？

②请查阅相关资料，分析不同种类花卉对培养土有何不同要求。

③请为常见草花类、花木类花卉配制培养土，总结配制过程中的技术要点，并完成实践报告。

实践 19　盆栽花卉上盆、换盆、翻盆

一、目的及要求

了解上盆、换盆对花卉生长发育的意义,掌握盆栽花卉上盆、换盆的基本技巧和操作要领,以及上盆、换盆后的管理方法。

二、材料与工具

(一)材料

万寿菊、千日红、三色堇、一串红、鸡冠花、百日草、三角梅等花卉的播种苗或扦插苗,白兰、苏铁、山茶、虎尾兰等盆栽花卉或盆景植物,多肉植物等。

(二)工具

枝剪、铁锹、花铲、各种规格花盆、喷水壶、培养土等。

三、实践方法与步骤

(一)上盆

上盆是盆花栽培管理的第一步,是将繁殖成活的幼苗(播种苗、扦插苗或分株苗)移植到适宜花盆内的操作过程。花卉幼苗出圃上盆后经过管理可快速长成良好株型,上盆技术的优劣直接影响盆花的品质。

1. 选盆

选盆要根据幼苗的大小、种类和根系发育选择合适规格、质地的花盆,不宜将幼苗直接定植在较大的花盆中,应随着幼苗的生长逐渐更换较大规格的花盆。大盆种小花,不仅会造成盆土浪费,还会因为盆大土多不易掌握肥、水量,影响花卉正常生长,有时还会出现营养过剩,造成生长慢、难开花的现象,因此大苗选大盆、小苗选小盆。另外还要根据花卉种类选盆,根系深的花卉要用深筒花盆,不耐水湿的花卉用大水孔的花盆。上盆选用的花盆有营养钵、塑料花盆、瓦盆等。

2. 营养土配制

根据需上盆的花卉种类,配制相应培养土,具体请参考实践 18。

3. 上盆操作

（1）花盆处理

①新盆要"退火"，如不"退火"，会使花卉根系被倒吸水分而使花苗萎蔫死亡，因此新使用的瓦盆应在清水中浸泡一昼夜，让盆壁气孔充分吸水，刷洗、晾干后再使用。②旧盆要洗净、消毒后再使用，以防带有病菌、虫卵。具体做法：旧盆在阳光下曝晒4～5 h后，喷洒1％甲醛溶液密闭1～2 h，晾5～6 h，再用清水刷洗干净，以清除可能存在的虫卵。

（2）铺底

①瓦盆可用碎瓦片或碎砖块盖于盆底的排水孔上。②塑料花盆可用塑料纱布、遮阳网或碎泡沫塑料盖住排水孔。③营养钵可用砾石或泡沫等排水好的材料铺于盆底。底铺好后装入约1/4盆体深度的培养土，以待植苗。

（3）栽植

左手拿苗放于盆口中央，注意保护根系，调整位置和深度，深度要与原来在苗床的深度一致。然后逐步填培养土于苗根周围，加到一半时轻轻用手指压紧，使植株根与盆内培养土紧密接触。对不带土团的花苗，当培养土加到一半时，轻轻向上悬提植株，使根系伸展，然后一边加土一边压实，直到土距盆口2～3 cm为宜，以便浇水。

4. 上盆后管理

栽植完毕后，应及时浇透水，1次浇不透可以连续浇2～3次，直到有水从盆底流出，暂置阴处数日（15 d左右）缓苗。待苗恢复生长后，逐渐移于光照充足处，进行常规管理。

对于多肉植物，栽植可以采用湿土干栽或干土干栽技术。湿土干栽即用潮湿的土，将晾干1周左右的植株种下去，放置于有散射光且通风良好处，过7～14 d再开始浇水（具体时间根据实际情况判断），浇透后再开始正常养护，这样有利于发根且不易腐烂。干土干栽多用于耐干旱的多肉植物，即用干燥土直接栽植，可避免根部有伤口的多肉植物直接沾水发生菌类感染而腐烂，一般干栽后3～5 d再浇水，为伤口愈合提供充足时间。

（二）换盆、翻盆

花苗在花盆中生长一段时间后，植株长大，需将花苗脱出换栽入较大花盆中，这个过程称为换盆。有时花苗植株虽未长大，但基于盆土板结、养分不足等原因，需将花苗脱出修整根系，重换培养土，增施基肥，再栽回原花盆（或同样大小的新盆）的这个过程称为翻盆。与上盆一样，换盆、翻盆也是盆栽花卉必不可少的管理环节。

1. 花盆选择

①换盆：更换大盆。主要是更换或补充盆土营养，以满足根系生长发育的需求。从小盆更换到大盆，不求一步到位，要根据花卉根幅大小来选择花盆，花盆直径比根幅直径大3～6 cm较为适宜。还可根据花木树冠大小来选择花盆，花木的冠径比花盆直径大出20～40 cm较为适宜。

②翻盆：不更换花盆或使用同型花盆。

2. 换盆、翻盆次数

一、二年生花卉从小苗到成苗应换盆2～3次，宿根、球根花卉成苗后1年换盆1

次,木本花卉小苗时每年换盆1次,木本花卉大苗2～3年换盆或翻盆1次。

3. 换盆、翻盆时间

大部分盆栽花卉换盆时间宜在休眠期或生长初期,木本及宿根花卉换盆、翻盆常在秋季生长将停止时或早春生长开始前进行,多年生常绿花卉一般在春季(4—6月),结合分株进行换盆。在某些特殊情况下(如烂根、病虫害等),温室条件合适,加上管理得当,一年四季都可以换盆,但在开花时或花朵形成时则不能换盆,否则影响花期。

4. 换盆、翻盆操作

(1)铺底

同上盆操作。

(2)脱盆

让原盆土稍干燥后,两手反扶盆沿,把盆翻转,让远离身体一侧的盆沿在台边或柱上轻扣,让盆土松离并用棍棒从排水孔处捅一下,同时用手掌护住盆泥防止植株下跌而损伤,扣松后,左手托住植株和盆泥。右手把盆拿开,再把植株翻转过来。

(3)修整

脱盆后,将近盆边的老根、枯根、卷曲根及生长不良的根用剪刀作适当修剪。多年生宿根花卉换盆时可以结合分株,并刮去部分旧土;木本花卉可依种类不同将土球适当切除一部分;一、二年生草花,土球表面旧土去掉少许即可,一般不作任何处理,按原土球栽植。

(4)栽植

把准备好的培养土放入相应规格花盆中,填土深度约为花盆深度的1/3,然后将修整后的花卉植株连同根团放入花盆中央,从四周铲入培养土,轻轻震动花盆,四周压实盆土。

(5)养护

换盆后第一次浇足水,至盆底排水孔出水为止。置阴处缓苗数日,以后逐渐见光,其间保持土壤湿润;直至新根长出后,再逐渐增加浇水量,进入正常栽培管理。

四、作业与思考

①什么是上盆、换盆、翻盆?操作中应注意哪些关键环节?

②上盆与换盆后需加强植株的栽培管理,应注意哪些方面?

③观察逐步换盆和直接更换大盆对花卉生长发育的影响,并分析原因。

实践 20　露地花卉间苗、移植与定植

 一、目的及要求

了解常见露地花卉种类及栽培方式,掌握露地花卉间苗、移植与定植方法及基本操作技术。

 二、材料与工具

(一)材料

露地花圃,春播(或秋播)花卉幼苗如一串红、万寿菊、矮牵牛、三色堇、百日草等,有机、无机肥料等。

(二)工具

手铲、喷壶、铁锹等。

三、实践方法与步骤

(一)露地花卉种类及栽培方式

露地花卉也称地栽花卉,其整个生长发育至开花的过程是经露地栽培完成,冬季不加保护设施而自然越冬。主要指用于花坛、花境、花带及园林绿地的花卉,包括一、二年生花卉、宿根花卉、球根花卉、水生花卉、木本花卉等。露地花卉普遍适应性强,能自行适应水、温、气等栽培条件,管理较粗放,栽培容易。

露地花卉根据应用目的可分为两种栽培方式:直播栽培方式、育苗移栽方式。将种子直接播种于花坛或花池内,使其萌芽、生长发育至开花,达到开花观赏的目的的栽培方式称为直播栽培方式。该栽培方式特别适用于主根明显、须根少、不耐移植的一、二年生花卉,如虞美人、花菱草、香豌豆、牵牛、茑萝、凤仙花、矢车菊、飞燕草、紫茉莉、霞草等。先在育苗圃地播种培育花卉幼苗,待其长至成苗后,按要求定植到花坛、花池或各种园林绿地中的栽培方式,称育苗移栽方式。该栽培方式适用于主根、须根全面而耐移栽的花卉种类,如三色堇、金盏菊、桂竹香、紫罗兰、半支莲、一串红、万寿菊、孔雀草等。

露地花卉栽培管理基本流程:选地—整地、作畦—间苗、移植、定植—灌溉—施肥—中耕除草—越冬防寒等。下面对露地花卉栽培管理过程中的间苗、移植、定植进

行重点介绍。

（二）间苗

拔去播种得过密的苗叫间苗，又称疏苗、间拔，常用于直播的一、二年生花卉，以及不移耐植而必须直播的种类，如香豌豆、虞美人、花菱草等。

1. 间苗目的

①间苗时将过密幼苗拔除，以扩大幼苗间的距离，改善拥挤情况。

②拔除生长柔弱或徒长之苗，拔除混杂其间的异种或异品种之苗。

③间苗同时拔除杂草。

2. 间苗方法

①间苗可分数次进行，第一次在播种苗长出1～2片真叶时，第二次宜在3～4片真叶时，若幼苗过于拥挤，则在子叶发生后即可间苗。

②间苗一般在雨后或灌溉后进行，操作要小心，应尽量不牵动留下的幼苗，以免损伤其根系，影响生长。

③间苗后要及时浇水，以利于留苗根系与土壤紧密接触，尽快恢复正常生长。

（三）移植

移植又称移栽，是将苗床或盆钵等容器中所育的播种苗或扦插苗等掘起，栽植到另外畦床或盆钵等容器中的过程，是定植前的一种栽培措施。露地花卉中除了不宜移植而进行直播的种类外，多数幼苗都要经过1～2次移植，最后定植于花坛或花圃中。

1. 移植目的

①扩大株间距离，使幼苗生长强健。

②切断主根，促使侧根发生，形成发达根系，有利于苗株生长。

2. 移植方法

移植方法有裸根移植与带土移植两类。裸根移植常用于小苗和容易成活的大苗；带土移植则常用于大苗及较难移植成活的种类。

3. 移植时期

移植时期视幼苗之大小而定，生长快的草花出苗2周后移植，生长慢的约3～4周后移植。一般露地播种的幼苗在4～5片真叶时进行第一次移植（即分苗），盆播幼苗在1～2片真叶时进行移植。扦插苗应在充分生根后进行。直根性的花卉幼苗，应及早移植。移植宜在水分蒸发量小的无风的阴天或晴天的傍晚进行。

4. 移植步骤

（1）起苗

①起苗应在土壤湿润状态下进行，如果土壤干燥，应在起苗前一天或数小时前充分灌水。

②裸根移植的苗，先用手铲将花苗带土挖起，然后将根群附着的土块轻轻抖落，随即进行栽植。

③带土移植的苗，先用手铲将幼苗四周的土铲开，然后从侧下方将苗挖出，保持完整的土球。

④起苗时要细心操作,避免根系受伤,同时要认真淘汰病苗、锈根苗、畸形苗、无生长点苗等。

⑤起苗与种植要配合,随起随栽,如不能及时栽植,花苗要覆盖遮阴。

(2)栽植

①栽植方法。栽植方法有沟植法、穴植法。沟植法是按一定行距开沟栽植,穴植法是按一定行株距开穴或用移植器打孔栽植。栽植沟或栽植穴的大小视花苗大小而定,比待种花苗的根系或土球稍大即可。

②栽植操作。

A.裸根移植栽植。将苗株根系舒展于穴中,切勿使其卷曲,尤忌根尖露在外面,后覆土镇压,使根系与土壤紧密接触,埋土深度与原根埋深相同或略深。镇压时,压力要均匀向下,切勿用力挤压茎的基部,以免压伤或压折嫩茎。

B.带土移植栽植。栽植带土球苗时,栽植深度与原种植深度一致,填土于土球四周,再将土球四周的松土压实,不要镇压土球,以免将土球压碎,影响成活和恢复生长。

5.移植后管理

①立即灌水,使根与土壤密接。第一次充分浇水后,在新根未形成前不可过多灌水,否则根部易腐烂。

②小苗根系较弱,移植后数日内应避免强光,要适当遮阴。待花苗恢复生长后可进行常规管理。

(四)定植

定植是指将床苗或移植苗按绿化设计要求,移栽至花坛、花境、花台等栽植床的过程。其基本方法与移植相同,不同的是定植后花苗不再移动。

1.施肥、整地

①把适量腐熟有机肥(如厩肥、堆肥等)和无机肥撒施在选好的地块上,作基肥用。通常一、二年生草花类的施肥量如下:每 100 m^2 施氮(N)0.94～2.26 kg、磷(P_2O_5)0.76～2.26 kg、钾(K_2O)0.75～1.69 kg。花卉施肥不宜单独使用一种肥料,常将有机肥和无机肥搭配使用,各肥料具体用量可根据肥料的营养成分和上述数据大致推算出来。

②整地时先深翻土壤,翻土深度视花卉种类而定,一般一、二年生花卉深翻20～30 cm,宿根和球根花卉深翻40～50 cm。

③深翻后敲碎土块,清除土中石块、瓦片、残根断株及其他杂草,然后镇压,以防土壤过于松软,根系吸水困难。

2.起苗、栽植

①起苗和栽植方法同移栽。

②行株距以成龄花株冠幅互相衔接又不挤压为原则,一般较小花苗 20～30 cm,较大的花苗 30～40 cm。

3.浇水、封坑

①栽植后立即浇透水,为了浇透,一般要浇两遍,第一遍水渗入土内后,再浇第二遍。

②待水全部渗透后,用细土将水坑埋上,可稍高于地面,封坑时注意切勿掩埋花苗生长点,同时扶正花苗。

四、作业与思考

①什么是间苗？间苗对象是什么？有何目的？

②移植与定植的区别是什么？

③总结移植与定植的方法与步骤。

④花卉移植的目的是什么？影响花卉移植次数的主要因素是什么？

⑤观察记载定植成活率、花苗生长发育情况,并写出实践报告。

实践 21 花卉肥分管理

 一、目的及要求

掌握常见花卉施肥原则及注意事项,掌握常见花卉施肥关键技术。

 二、材料与工具

(一)材料

各类花卉,各种有机肥料和无机肥料。

(二)工具

锄头、手铲、水桶、喷壶等。

 三、实践方法与步骤

(一)花卉施肥目的

肥料是花卉生长发育的"粮食",是保证花繁叶茂的物质基础。施肥的目的在于补充土壤中营养物质的不足,满足花卉生长发育过程中对营养元素的需要。花卉除从空气中吸收碳元素,从水中吸收氢、氧元素外,还要从土壤中吸收氮、磷、钾、钙、镁、硫、铁、硼、锰、铜、锌等营养元素。花卉生长过程中对氮、磷、钾的需求量较大,此三者通常被称为"肥料三要素",一般培养土中此三者的含量远不能满足花卉生长需求,需要施肥补充。其他营养元素需求量相对较少,多数能从土壤中获得,不足时可施微量元素进行补充。

(二)肥料种类及特点

1. 有机肥

有机肥俗称农家肥,由各种动植物残体或排泄物组成,如厩肥、堆肥、草木灰、骨粉、沼肥、饼肥等。常因肥料种类和来源不同,其有效成分也有较大差异,如厩肥含氮元素较多,草木灰含钾元素较多,骨粉含磷元素较多,豆饼、花生饼、菜籽饼等饼肥含有大量的氮、磷、钾元素。有机肥总体营养元素全、有机质丰富,肥效释放缓慢,肥效长、污染小,多作基肥施用。有机肥除了能补充花卉所需营养元素外,还能改良土壤,使土壤疏松,防止板结,有利于根系生长和根际微生物的活动。

2. 无机肥

无机肥为矿质肥料,也叫化学肥料,简称化肥,是由无机物组成的肥料,主要包括氮肥、磷肥、钾肥等单质肥料和复合肥料。

氮肥:氮肥有促进花卉枝叶繁茂的作用。花卉从土壤中吸收的氮有两种形式,即铵态氮和硝态氮,通常施用的氮肥有尿素、碳酸铵、碳酸氢铵、氨水、氯化铵、硝酸钙等,均为速效性肥料,多作追肥施用。

磷肥:磷肥对花卉有抗倒伏作用,还有利于花芽分化,促进花色鲜艳、果实肥大。磷肥中的过磷酸钙、钙镁磷等,肥效比较慢,多用作基肥施用;而磷酸二氢钾、磷酸铵为高浓度速效肥,且含氮和钾肥,作追肥施用。

钾肥:钾肥促进花卉枝干及根系健壮,增强花卉抗倒伏和抗性。通常施用的钾肥有氯化钾、硫酸钾、磷酸二氢钾、硝酸钾等,均为速效性肥料,多作追肥施用。

无机肥养分含量高,元素单一,肥效快,清洁卫生,施用方便,但长期使用容易造成土壤板结。

(三)花卉施肥原则及注意事项

1. 注意花卉的种类

不同种类的花卉对肥料的要求不同。

①杜鹃、茶花、栀子等南方花卉忌碱性肥料,宜施硫酸钙、过磷酸钙、硫酸钾等酸性或生理酸性肥料。

②每年需重剪的花卉,为促进新枝条萌发,需加大磷、钾肥的比例。

③观叶为主的花卉,可偏重于施氮肥。

④观大型花的花卉如菊花、大丽花等,在开花期需要施适量的完全肥料(含有植物所需的各种主要营养元素的肥料),才能使所有花都开放,形美色艳。

⑤观果为主的花卉,在开花期应适当控制肥、水,壮果期施以充足的完全肥料,才能达到预期效果。

⑥球根花卉,多施些钾肥,以利于球根充实;香花类花卉,进入开花期多施些磷、钾肥,以促进花香味浓。

2. 掌握季节和时间

①冬季气温低,植物生长缓慢,多数花卉处于生长停滞状态,一般不施肥。

②春、秋季正值花卉生长旺期,根、茎、叶增长,花芽分化,幼果膨胀,均需要较多肥料,应适当多施追肥。另外春、秋时节中午气温高,施肥易伤根,忌施,宜在傍晚进行。

③夏季气温高,水分蒸发快,又是花卉生长旺盛期,施追肥浓度宜小,次数可多些,做到"薄肥勤施"。

3. 注意肥料种类和植株长势

①有机肥施用前必须充分发酵和腐熟,不可施用生肥。无机化肥不能接触茎基部。有机肥和无机肥最好交替使用,既可供给花卉需要的养料,又可改善土壤理化状况。

②施肥还要看植株长势,实行"四多、四少、四不",即:黄瘦多施,发芽前多施,孕蕾多施,花后多施;苗壮少施,发芽少施,开花少施,雨季少施;徒长不施,新栽不施,盛暑不施,休眠不施。

（四）施肥方法

1. 基肥

基肥是底肥，是移栽或定植前施入土壤中的肥料，目的在于提高土壤肥力，全面供给植物整个生长期间所需的肥料。基肥一般以有机肥或者缓释肥为主，也可配合施用部分化肥。露地栽培花卉，可于整地前将基肥翻入土中或在栽植前沟施或穴施，施肥量视土壤肥力而定，一般每亩施基肥 750～1500 kg。盆栽花卉一般是上盆或换盆时，将基肥与培养土混合均匀施入，基肥施入量一般不超过盆土总量的 20%。

2. 追肥

追肥是为了补充基肥的不足，满足花卉不同发育期的需要。露地花卉常用化肥、腐熟人粪尿、饼肥水等追肥，可进行灌施或叶面喷施，化肥浓度一般不超过 1%～3%，叶面喷施浓度更低。一、二年生露地花卉在其生长期，一般可 20～30 d 施 1 次肥；多年生露地宿根花卉和球根花卉，追肥次数不宜多，一般在春季开始生长时追施 1 次，开花前追施 1 次，花谢后追施 1 次。

盆栽花卉追肥要以"薄肥勤施"为原则，通常以沤制好的饼肥、油渣为主，也可用化肥或微量元素追施或叶面喷施。叶面喷施时有机液肥的浓度不宜超过 5%，化肥的施用浓度一般不超过 0.3%，微量元素浓度不超过 0.05%。施肥宜晴天进行，先松土后施肥，施肥后次日必须再浇清水 1 次，称之为"还水"，否则根系易腐烂。温暖生长季节，室温较高，生长旺盛，施肥次数多些，天气寒冷室温不高时可以少施。另外，根外追肥（叶面喷施）不宜在低温条件下进行，通常要在中午前后喷施，背面吸肥力强，液肥应多喷叶背。

四、作业与思考

①花卉肥料种类有哪些？各有什么特点？

②花卉施肥原则和注意事项有哪些？

③总结花卉施基肥、追肥及根外追肥的方法与步骤。

④观察记载追肥后所管理的花卉生长发育情况，并写出实践报告。

实践 22　花卉水分管理

 一、目的及要求

了解不同种类花卉及不同生育期花卉需水特点,掌握不同种类花卉浇水原则,掌握露地花卉和盆栽花卉浇水方法。

 二、材料与工具

（一）材料

露地栽培和室内盆栽的各种花卉,水。

（二）工具

浇水用各种工具、设施。

 三、实践方法与步骤

（一）花卉需水特点

1. 不同类型花卉需水特点

水是花卉生长繁衍的必需条件,对花卉的生长发育影响极大。花卉品种繁多,需水量也各有差异。同一种花卉,在其生长的不同时期,需水量也不尽相同。按照花卉对水分需求不同,可将花卉分为以下五类。

（1）旱生花卉

旱生花卉包括仙人球、仙人掌、虎尾兰、龙舌兰、石莲花、景天、燕子掌、芦荟、落地生根、长寿花、生石花、松叶菊等仙人掌类及多肉植物,以及许多高山和岩生花卉等。此类花卉能忍受土壤或空气长时期的干旱而存活,其形态解剖及生理特性具有适应干旱的典型特征,如:叶片小或退化,肉质化,质地硬而呈革质,具厚茸毛等;气孔下陷,叶脉致密,保卫细胞灵敏等;根系发达、根冠比大等。旱生花卉的水分管理应掌握"宁干勿湿"的浇水原则。

（2）半耐旱花卉

半耐旱花卉包括山茶、杜鹃、白兰、橡皮树、梅花、蜡梅、天竺葵等,还包括天门冬、松、柏、杉科植物。这类花卉叶片多呈革质或蜡质状,或叶片上具有大量茸毛,或枝叶呈针状或片状。半耐旱花卉的水分管理应掌握"干透浇透"的浇水原则。

（3）中生花卉

中生花卉包括月季、扶桑、石榴、茉莉、米兰、君子兰、鹤望兰、吊兰、棕竹、五针松、观赏竹、秋海棠等，以及多数一、二年生花卉和多年生宿根花卉及球根花卉等。此类花卉对水分的需求大于半耐旱花卉，在湿润度适宜的土壤中能生长良好。土壤过湿或过干都会导致生长不良。中生花卉的水分管理应掌握"见干见湿"的浇水原则。

（4）湿生花卉

湿生花卉包括观赏蕨、龟背竹、马蹄莲、虎耳草、吉祥草、伞草、海芋等。这类花卉通气组织较发达，叶片薄软，耐旱性较差或极差，在潮湿的条件下生长良好，若水分供应不足，则生长衰弱，甚至整株死亡。湿生花卉的水分管理应掌握"宁湿勿干"的浇水原则。

（5）水生花卉

水生花卉如荷花、睡莲、凤眼莲、菖蒲等，生活在水中或沼泽地，其体内有很大的细胞间隙或发达的通气组织，要求饱和的水分供应。水生花卉的水分管理应掌握"源源不断"的浇水原则。

2. 花卉不同生长发育阶段需水特点

花卉生长发育的不同阶段对水分的要求不同。

①播种后需要较高的土壤湿度，以便湿润种皮，使种皮膨大，有利于胚根和胚芽的萌发。

②种子萌发出土后，根系较浅，幼苗细弱，应保持表土适度湿润。

③成苗后，为防止徒长，促使植株老熟，应适当降低土壤湿度，即所谓"蹲苗"。

④生长旺盛期要保持土壤经常湿润。

⑤花芽分化是由营养生长进入生殖生长的转折时期，应适当控水，少浇或停浇几次水，能抑制或延缓茎叶的生长，提早并促进花芽的形成和发育。

⑥进入孕蕾和开花阶段，水分的供应适当增多，水分少则开花不良，使花期变短，水分过多也会引起落花、落蕾。

（二）浇水要求

1. 水质

水按照含盐类的状况分为硬水和软水。雨水、河水、湖水、塘水等水中的钙、镁、钠、钾含量较少，称为软水，一般呈弱酸性或中性，最适合浇花。城市的自来水常含有氯离子，对花卉生长不利，需要先放置几天，让水中氯气挥发后再使用。井水含钙、镁等较多，为硬水，直接使用会给花卉正常的生理活动带来危害，宜软化后使用。工业废水常有污染，对植物有害，不可使用。含有肥皂或肥皂粉成分的洗衣水和有油污的洗碗水，均不能使用。

2. 水温

水温与土温度相接近有利于花卉的生长，一般温差不宜超过5～6 ℃。如果水温与土温相差大，根系及土壤的温度突然下降或升高，会使根系正常的生理活动受到阻碍，减弱水分吸收，发生生理干旱。因此，夏季忌在中午浇水，应在早晚（8：00 前和17：00后）浇水。冬季则宜在气温较高的中午浇水，冬季以水温比土温略高为好。

3. 浇水量

①露地栽培花卉除了要根据花卉需水特点外,还应根据季节、天气情况决定浇水量:开春后气温逐渐升高,花卉也逐渐进入生长旺盛时期,浇水次数应逐渐加多;夏季花卉生长迅速,花繁叶茂,可多浇水;冬季多数花卉停止生长,应少浇或不浇。气温高、大风干燥时应多浇;气温低、阴天时,应少浇;雨天可不浇,必要时还要排水,以免由于地面长期积水而造成花卉根部腐烂、死亡,尤其是球根、宿根花卉更不耐渍涝。

②温室或大棚栽培的花卉,温度、湿度条件相对较好,视土壤干湿情况浇水。

③盆栽花卉由于根系生长只局限于一定容器之内,浇水必须适量,要求比露地花卉更为细致而严格。其浇水的基本原则是"不干不浇,见干即浇,浇则浇透",避免多次浇水不足,只湿表层盆土,形成"截腰水",造成下部根系缺乏水分而影响植株正常生长。

(三)浇水方法

1. 露地栽培花卉浇水

露地栽培花卉的浇水方法常有四种,即地面灌溉、喷灌、滴灌和地下灌溉。现代花卉集约化、规模化生产时,常采用喷灌或滴灌,省时、省力、节水,但成本较高。地面灌溉又分漫灌、沟灌、畦灌和穴灌等多种形式,是生产上最为传统的灌溉方式。多数露地栽培花卉采用该方法浇水,简单易行,成本低,但水资源浪费严重,还容易造成土壤板结。地面灌溉的水量和时间由所栽培花卉种类决定,一般根系深的花卉灌水量大,根系浅的花卉灌水量小,另外还要根据植株大小、土壤质地、温度变化情况而定。

2. 盆栽花卉浇水

(1)直灌法

直灌法是直接将水浇灌至花盆内,是盆栽花卉最常见的浇水方法。操作时要注意慢慢往花盆里浇水,距盆口先留 2～3 cm 浇水空间,先浇一半,让水慢慢向下渗,渗完盆托里不见水,说明没浇透,再浇,浇至盆托有水出现,说明浇透。该法操作简单,但易使土壤板结,所以使用该方法浇水后要松土。

(2)浸盆法

将花盆置入水槽或水缸内,注入适量的水,水面要低于盆土土面,让水从花盆底孔渗入盆土里。该法主要适用于播种育苗和移栽后的灌水,因为浸盆会使盆土内的盐碱上升,破坏植物的土壤环境,所以正常生长的盆栽植物不建议使用。

(3)浸泡法

将整株花卉或根部浸在水里,使植物根系和盆栽基本全部浸透。主要用于附生兰科花卉、蕨类、部分凤梨科花卉,栽培基质用苔藓、蕨根、树皮块等不易浇透的。

(4)喷浇法

用喷壶向植物叶片喷水,可以降低气温,增加环境湿度,减少植物蒸发,冲洗叶面灰尘,提高光合作用强度。喷浇如人工降雨,对盆土结构破坏小,不易使其板结。经常喷浇的花卉,枝叶洁净,能提高观赏价值。盛开的花朵、茸毛较多的花卉、怕水湿的花卉不宜喷水。冬季或植物休眠要少喷或不喷;夏季炎热,干燥时适当喷水是有好处的,尤其对那些原产于热带及亚热带林下的耐阴植物更有好处。

四、作业与思考

①根据生态习性不同,可将花卉分为几类?分别有什么需水特点?
②不同种类花卉,在水分管理中,分别有什么浇水原则?
③请总结花卉浇水的基本技术要点。
④分析露地花卉与盆栽花卉浇水的区别。

实践 23　花卉的整形与修剪

一、目的及要求

了解整形与修剪在花卉生产上的目的、意义以及常见花卉整形的形式,掌握花卉的修剪技术和整形技巧。

二、材料与工具

(一)材料

盆栽草花石竹、孔雀草、万寿菊、矮牵牛、一串红等;宿根花卉大丽花、多头菊、大立菊、四季海棠等;盆栽月季、一品红、栀子花、茉莉、罗汉松、石榴等。

(二)工具

枝剪、老虎钳、镊子、细铁丝或麻绳、竹竿等。

三、实践方法与步骤

(一)整形

整形是整理花卉植株的形状与骨架,美化造型的一种措施。根据植物分枝习性和景观要求,常见的花卉整形有下列几种形式。

1. 单干式

只留主干,不留侧枝,使顶端开花 1 朵。这种整枝方法为充分表现品种特性,将所有侧蕾全部摘除,使养分集中供给顶蕾。此种形式仅用于菊花和大丽花标本栽培。

2. 多干式

留主枝数个,每枝顶端开 1 朵花。如大丽花留 2～4 个主枝,菊花留 3 或 5 或 7 或 9 枝,其余的侧枝全部除去。

3. 丛生式

生长期间进行多次摘心,促使发生多数枝条,全株呈低矮丛生状,开花很多。适于此种整形的花卉较多,如矮牵牛、一串红、金鱼草、美女樱、百日草、藿香蓟等。菊花中的大丽菊,亦采用此种形式整形。

4. 悬崖式

悬崖式也叫垂悬式,指具有匍匐茎或枝条柔软细长的花卉,枝条自然从盆边披悬下挂,犹如绿帘。适于此种整形的花卉也较多,如吊竹梅、紫叶鸭跖草、常春藤、花叶蔓长春花、细叶金鱼花、球兰及小菊类品种等。

5. 攀缘式

多用于蔓性花卉,如牵牛、茑萝、红花菜豆、香豌豆、旱金莲、观赏葫芦等,使枝蔓攀缘在一定形式的支架上,如圆柱形支架、棚架及篱垣等形式。

6. 匍匐式

利用枝条自然匍匐地面的特性,使其覆盖在地面。适用于美女樱、旋花及多种地被植物。

(二)修剪

修剪既可作为花卉整形的手段,也可通过修剪来调节花卉植物的生长和发育。

1. 摘心

摘除枝梢顶芽即为摘心。摘心可去除顶端优势,促进侧枝发生;可控制植株的高度,使植株生长低矮丰满,如白网纹草、冷水花、豆瓣绿等;还可增加开花数量,如一串红花、大丽花、四季海棠等。

2. 抹芽

抹芽即除去植株上过多的腋芽,避免腋芽过度生长消耗养分、扰乱株形、影响开花,使养分集中供应主芽。如大丽花、立菊可采用抹芽的方法,促使所留花朵花大色艳。

3. 疏蕾

疏蕾时摘除生长过多的花蕾。单株上花蕾过多,影响营养供给,造成开花密而小,不利于观赏。如大丽花、立菊、芍药等花芽较多,现蕾后可将顶端以下叶腋中的花蕾全部摘除,一枝一花,使营养集中供应顶花,可保证顶花质量。疏蕾还可使花期整齐一致,如将杜鹃较小或较大的花蕾摘除,留大小相当的花蕾,开花时整齐一致。

4. 折梢及捻梢

折梢是将新梢折曲,但仍连而不断;捻梢是将枝梢捻转。二者的目的是抑制新梢的徒长,促进花芽的形成,牵牛、茑萝常用此法。若直接剪梢,常使下部腋芽受刺激而萌发抽枝,起不到抑制徒长的作用。

5. 曲枝

曲枝又称作弯或盘扎,是将枝条缚扎引导以形成一定形状的枝势。为使枝条生长平衡,将生长势强的枝条或新梢向侧方压曲,弱枝扶之直立,以抑强扶弱。曲枝也可用来将花木塑造成各种艺术造型,称为作弯,作弯有S状弯、云片弯等。S状弯即活弯,花木枝条用绳拉法作成立面S状弯,使植株高度降低,向四面或两侧弯曲伸展,如梅花、碧桃、一品红、西府海棠等常用。云片弯作弯成水平状,并分上下多层,形如朵朵云层,常用于罗汉松、六月雪等盆景造型。

6. 摘叶

摘去老叶、病叶及多余叶片。比如万年青、一叶兰、马蹄莲、吊兰等,摘除一部分老叶,可以促进新芽的萌发,让植株长得旺盛、整齐。摘叶还可协调植株营养生长与生殖生长的关系,提高开花率和花卉品质,如茉莉春季出室之后摘除老叶,不但可促进腋芽的萌发,还可以孕育更多的花蕾。

7. 去残花

将已经开谢的花或花序剪去。如百日草剪去残花,可促使侧枝萌发和开花;香雪球、金鱼草剪去残花后,可延长开花的时间,提高观赏价值。

8. 疏果

观果花卉如金橘、香橼等,花谢后往往结果很多,为避免养分消耗过多,克服隔年结果,应及时摘除畸形果、小果及多余的幼果,可促使保留下来果实生长良好。

9. 疏枝

将枝条基部剪掉,防止株丛过密,利于通风透光。对于木本花卉,常剪去内膛枝、交叉枝、平行枝、病弱枝、枯枝、残枝、干扰枝等,减少养分消耗,提高开花质量,使株形完美健壮。

10. 短截

剪去枝条尖端一截或整枝的大部分,根据短截的轻重,分为轻剪、中剪、重剪。轻剪为一般花卉剪去多余的侧枝或顶梢;中剪是剪去枝条的中上部,约枝长的1/3~1/2;重剪主要是为了恢复长势,常用于开花多年逐渐衰落的枝条,一般剪至基部向上保留3~4个芽即可。短截一般宜在休眠期进行,花芽顶生的花木不宜短截。剪口要平滑,呈45°角向剪口芽相反方向倾斜,剪口的下端与剪口芽的芽尖相齐。

四、作业与思考

①花卉整形、修剪在花卉生产管理中有何作用?
②总结各类花卉整形、修剪的方法和特点,并写出实践报告。

实践 24　常见花卉病害识别与防治

一、目的及要求

了解花卉生产中常见病害的发病原因,掌握常见花卉病害的识别特点及相应的防治措施。

二、材料与工具

(一)材料

各类感病的地栽花卉和盆栽花卉;各类防治药剂,如多菌灵、甲基托布津、代森锌、百菌清、高锰酸钾、粉锈宁、福尔马林等。

(二)工具

放大镜、显微镜、培养皿、喷雾器、塑料桶、铁锹等。

三、实践方法与步骤

(一)白粉病

1. 症状识别

花卉白粉病主要为害月季、蔷薇、玫瑰、米兰、九里香、菊花、大丽花、瓜叶菊、凤仙花等。发病初期叶片、嫩茎、花蕾等部位呈现白粉状病斑,或遍布白粉层,后期迅速扩大,覆盖整株叶片,导致叶片扭曲、卷缩、枯萎,花少而小或不能开放、畸形,严重时造成枯梢、枯叶甚至全株死亡。

2. 病原及发病特点

引起白粉病的常见病原菌是子囊菌门白粉菌属、单丝壳属真菌。病原菌以闭囊壳在病株残体上越冬,翌年借助气流和水流传播。孢子萌发后以菌丝自表皮直接侵入寄主表皮细胞。该病的发生与温度关系密切,15~20 ℃有利于病害的发生,7~10 ℃以下时,病害发生受到抑制。温室中能周年发生,露地多数在 4—6 月、9—10 月发病较重。温暖潮湿季节发病迅速,过度密植、通风透光性不良有利于发病。

3. 防治方法

(1)农业防治

选用抗病品种;发病初期及早摘除病叶,集中烧毁,防止蔓延;植株不宜过密,应通风透光,湿度不宜过高;少施氮肥,避免植株徒长,多施磷、钾肥,增强抗性。

(2)化学防治

发病严重时,可用25%三唑酮(粉锈宁)2000倍液,或45%敌唑铜2500～3000倍液,或50%多菌灵可湿性粉剂500～1000倍液,或70%甲基托布津1000倍液,每隔7～10 d喷施1次,连续2～3次,注意药剂交替使用。

(二)立枯病

1. 症状识别

立枯病主要为害瓜叶菊、一串红、彩叶草、翠菊、石竹、百合、唐菖蒲、秋海棠、鸢尾、鸡冠花等花卉。发病部位在根茎基部,幼苗及大苗均能受害,但多发生在幼苗中后期,稍迟于猝倒病。发病初期,茎基部产生椭圆形或不规则形状水渍状褐色病斑,病斑逐渐凹陷、缢缩,病斑扩大后绕茎一周,病苗直立枯死,后期病部生出淡褐色蛛网状菌丝。

2. 病原及发病特点

病原及发病特点同蔬菜立枯病。

3. 防治方法

(1)农业防治

不宜选用瓜菜地和土质黏重、排水不良的地块作为育苗圃地;选用无病菌新土配营养土育苗,床土可用40%福尔马林消毒,50 mL/m²,加水3～6 kg,均匀喷施于苗床;发现病株及时拔除并烧毁,严格控制苗床浇灌水量,注意及时排水和通风。

(2)化学防治

易感病花卉种子可用50%多菌灵可湿性粉剂500倍液浸种1 h,或用敌克松(用量是种子质量的0.5%～1.0%)、福美双(用量是种子质量的0.3%)进行拌种。发病期,可用75%百菌清可湿性粉剂800～1000倍液,或50%福美双可湿性粉剂500倍液,或75%氯硝基苯600倍液,或65%代森锰锌可湿性粉剂600倍液,或90%恶霉灵(土菌消)1500倍液,喷施到植株根茎处,每隔7～10 d喷施1次,连续2～3次,注意药剂交替使用。猝倒病和立枯病同时发生的情况下喷72.2%普力克水剂800倍液加50%福美双可湿性粉剂800倍液,每平方米用量2～3 kg。

(三)锈病

1. 症状识别

花卉锈病主要为害月季、杜鹃、玫瑰、蔷薇、菊花、唐菖蒲、萱草、万寿菊、蜀葵、鸢尾、香石竹等,可侵染花卉的叶片、叶柄和嫩芽。发病初期叶上产生淡黄色小斑点,后变褐色、隆起的小脓疱状,破裂后散出黄褐色粉末。后期在叶片、叶柄及茎上长出深褐色或黑褐色椭圆形肿斑,破裂后露出栗褐色粉状物,严重时可造成全株叶片枯死。

2. 病原及发病特点

花卉锈病的病原主要是担子菌门多胞锈菌属真菌。病菌系单主寄生锈菌,以菌丝体在植物芽内或发病部位越冬,冬孢子在枯枝落叶上也可越冬。次年春,冬孢子萌发产生担孢子,担孢子萌发侵入植株后形成性子器,随后形成锈子器。

锈病病菌以冬孢子在病株组织中或枯枝病叶、落叶上越冬,适宜温暖、湿度高的天气,因此大多数地区春、秋两季为锈病多发期。

3. 防治方法

(1)农业防治

选择抗锈病品种;及时清除销毁病株残体,减少侵染来源;栽培时选择地势高、排水良好的地块;合理施肥,适当增施磷、钾肥,不偏施氮肥;合理灌水,及时排出积水,降低湿度。

(2)药剂防治

发病初期可喷洒 50% 多菌灵可湿性粉剂 1000 倍液,或 65% 代森锰锌可湿性粉剂 500 倍液,或 12.5% 特普唑可湿性粉剂 1500 倍液,或 5% 己唑醇悬浮剂 1500～2000 倍液等。

(四)叶斑病

1. 症状识别

主要为害月季、玫瑰、鸡冠花、香石竹、君子兰等花卉,可侵染花卉的叶片、茎秆和花蕾。叶上病斑呈圆形或长条形,后期扩展呈不规则状红褐色大病斑,中央灰褐色,散生小黑点。茎秆病斑多分布于分枝处和摘芽伤口处,呈灰褐色长条形,后期形成黑色霉层。

2. 病原及发病特点

病原为半知菌类放线孢属、尾孢属、多毛孢属、柱盘孢属真菌。病菌在病残体或土壤中越冬,翌年发病期随风、雨传播侵染寄主。温室中四季均可发病,露地栽培秋季发病最重。连作、过度密植、通风不良、湿度过大均有利于发病。

3. 防治方法

(1)农业防治

选用适于当地栽培的抗病性较强的品种;需保持土壤湿润、疏松,忌积水,应及时摘除病叶,并清除盆中或地上的病落叶,冬、春季彻底清除,集中烧毁;植株间保持通风、透光,降低湿度,适当增施磷、钾肥,使植株生长健壮,提高抗病力;提高植株抗病性;另外,盆栽土应每年更换新土,以消除发病条件。

(2)药剂防治

发病初期可用 25% 多菌灵可湿性粉剂 300～600 倍液,或 50% 托布津 1000 倍液,或 70% 代森锰 500 倍液,或 80% 代森锰锌 400～600 倍液,或 50% 克菌丹 500 倍液,或 1% 波尔多液等。

(五)炭疽病

1. 症状识别

主要为害鸡冠花、兰花、米兰、仙客来、玉兰、君子兰、橡皮树等花卉。该病多发生在叶尖和叶缘,发病初期产生圆形、椭圆形红褐色小斑点,后期扩展成深褐色圆形病斑,并产生轮纹状排列的小黑点,即病菌分生孢子盘,病斑可形成穿孔,病叶易脱落。

2. 病原及发病特点

病原为半知菌类炭疽菌属真菌。该病病菌以菌丝体在植物残体或土壤中越冬,分生孢子借雨水、浇水等传播后,从伤口入侵。温暖高湿易发病,通风不良、氮肥过多易发病,梅雨季节发病较重,叶片部分或整片发黑,影响生长,严重时整株枯死。

3. 防治方法

（1）农业防治

选用抗病品种,避免从重病区调运种苗;冬季清洁田园,应及时烧毁病残体;及时中耕除草,发病时及时剪除病叶并烧毁,减少侵染源;适当增施磷、钾肥,忌偏施氮肥,浇水时尽量减少叶面水,且不宜过多,盆土不宜过湿,同时要增强通风透光性能,降低湿度。

（2）药剂防治

发病时可喷洒 25％苯菌灵乳油 800～1000 倍液,或 25％炭特灵粉剂 500 倍液,或 75％甲基托布津可湿性粉剂 1000 倍液,或 75％百菌清可湿性粉剂 600～800 倍液,或 50％退菌特 800～1000 倍液,或 50％炭福美可湿性粉剂 500 倍液等。

（六）灰霉病

1. 症状识别

主要为害仙客来、瓜叶菊、蝴蝶兰、一品红、翠菊、菊花、秋海棠、大丽花、天竺葵、唐菖蒲等,主要为害花卉叶片,也为害枝干、叶柄、花、果实。发病初期叶片上出现近圆形紫褐色斑点,后扩大成不规则形大斑,中央淡黄褐色,边缘紫褐色,病斑上有明显的同心轮纹。潮湿时病斑表面产生灰色霉状物,即病菌的分生孢子梗和分生孢子。病害严重时植株死亡。

2. 病原及发病特点

病原为半知菌类葡萄孢属真菌,主要以灰葡萄孢寄主范围最广。该病菌以菌丝体在病叶残枝或土壤中越冬,成熟的分生孢子借气流、雨水和农事操作等传播,在低温高湿条件下萌发芽管,由寄主开败的花器、伤口、坏死组织侵入,也可由表皮直接侵染引起发病。潮湿时病部所产生的大量分生孢子是再侵染的主要病源。病菌从伤口侵入,室内花盆摆放过密会使植株接触摩擦叶面出现伤口,有利于发病。温暖、高湿是灰霉病流行的主要条件,病情随温度和湿度的加大而严重。

3. 防治方法

（1）农业防治

选用抗病品种;种植时均要求使用无病新土,或对盆土消毒,随时清除并销毁病花、病叶、病株等残体,减少侵染源;种植不宜过密,保持植株通风透光;适当增施磷、钾肥,控制氮肥用量,以保持植株健壮,提高抗病力;浇水要见干见湿,不宜过湿,防止积水,雨后及时排水。

（2）药剂防治

发病时可喷洒 50％多菌灵可湿性粉剂 500～800 倍液,或 65％代森锌可湿性粉剂 500～800 倍液,或 70％甲基托布津 800～1000 倍液,或 75％百菌清可湿性粉剂 600～800 倍液,或 50％扑海因 1000～1500 倍液,或 65％万霉灵 1000 倍液等。

（七）白绢病

1. 症状识别

主要为害君子兰、杜鹃花、兰花、茉莉、仙人掌、菊花、香石竹、郁金香、百合等，该病主要发生于植物的根、茎基部。发病初期病部呈水渍状黄褐色至红褐色不规则病斑，其上有白色绢丝状菌丝层，多呈放射状蔓延；发病中后期在白色菌丝层中常出现黄白色油菜籽大小的菌核，后变为黄褐色或棕色，植物基部腐烂坏死，植株地上和地下部分离，植株枯萎死亡。

2. 病原及发病特点

致病菌为半知菌类小菌核属齐整小核菌。病菌以菌核在病残体或土壤中越冬，菌核萌发的菌丝从寄主植物根部或近地面茎基部直接侵入或从伤口侵入进行初侵染。病菌喜高温高湿，其生长适温为 30～35 ℃，春夏交替的梅雨季节发病严重。土壤黏重、过酸、过湿时，一般发病较重。

3. 防治方法

（1）农业防治

及时拔除病株，清除落入土中的菌核和病残体，集中烧毁或深埋，病穴内施撒石灰以杜绝病源；注意通风透光，栽培土壤严格消毒，切忌使用带菌土壤；严格挑选无病幼苗，所有的工具在使用之前必须进行消毒处理。

（2）药剂防治

发病初期可用 70％甲基托布津 600～1000 倍液或 50％多菌灵可湿性粉剂 500～700 倍液浇灌植株茎基部及周围土壤。

（八）疫病

1. 症状识别

主要为害百合、兰花、长春花、蟹爪兰、康乃馨、非洲菊等，花卉全株均可被侵染，以幼嫩部分最易发病，主要出现根腐、茎基腐、茎腐、枝干溃疡、叶枯、芽腐和果腐等症状，其中根茎部受害最为严重。病斑初显暗绿色水渍状，后迅速扩大变褐软腐，潮湿时病部长出稀疏的白色霉层。

2. 病原及发病特点

病原为鞭毛菌门疫霉属真菌。以菌丝体、孢子囊或卵孢子在病残体和土壤里越冬，次年条件适宜时，通过雨水、灌溉水等传播蔓延，植株上的病菌靠风雨传播。在高温多湿、地势低洼、栽种过密、通风透水差的条件下，以及连作地中发病严重。

3. 防治方法

（1）农业防治

发现病株应及时拔除销毁，减少病源；实行轮作，与非寄主植物实行 2～3 年轮作，以减少土中病原菌；选择排水良好、地势高、干燥地段栽种；栽植不能过密，并注意通风透光；浇水不宜过多，浇水时避免泥土飞溅到茎叶上；用无病土作盆土和育苗床土，或进行土壤、基质消毒处理。

（2）药剂防治

发病初期可喷洒 75％百菌清可湿性粉剂 600～800 倍液，或 80％乙磷铝可湿性粉剂 400～600 倍液，或 70％代森锰锌可湿性粉剂 400～600 倍液等。

（九）细菌性软腐病

1. 症状识别

该病主要为害鸢尾、唐菖蒲、仙客来、马蹄莲、风信子、百合、君子兰、仙人掌、大丽花、百日草、桂竹香等花卉，一般多为害叶片或根茎、球茎、鳞茎等部位。发病初期受害部位呈褐色水渍状，随后扩大成灰色、潮湿斑块，呈暗绿色和褐色的黏状软腐，向上向下蔓延，严重时在软腐的组织内混有白色、黄色或灰褐色糊状黏稠液，并发出恶臭味。

2. 病原及发病特点

主要病原为欧文氏属细菌。病原菌寄主广，主要在病株和病残组织中越冬。病菌主要通过雨水、灌溉水和昆虫传播，从伤口或裂口侵入寄主。高温高湿、机械伤或虫伤多、土壤湿度大、栽植过密、连作等条件下，均易发病严重。

3. 防治方法

（1）农业防治

栽培时选择抗性强、无病虫害的种苗或种球；栽植环境要通风透光，保持清洁，以防病菌、害虫滋生；及时摘除病叶、拔除病株，减少侵染来源；注重虫害防治，减少和杜绝昆虫及人为造成机械损伤和接触性传染；适当增施磷、钾肥，少施氮肥，增强植株抗病性。

（2）药剂防治

发病初期可喷洒 72％农链霉素可湿性粉剂 4000 倍液，或 75％百菌清可湿性粉剂 500 倍液，或 50％多菌灵可湿性粉剂 500 倍液等。

（十）病毒病

1. 症状识别

病毒病是由病毒引起的一类特殊病害，该病可为害水仙、兰花、香石竹、百合、大丽花、菊花、唐菖蒲、芍药、非洲菊等多种花卉植物。病毒病一般先局部发病，后扩大到全株，主要表现为花叶畸形、斑驳、褪绿、黄化、丛生、皱缩、环斑、枯斑、卷叶等症状。

2. 病原及发病特点

侵染花木的病毒种类繁多，有 16 个病毒群均含有花木病毒。病毒一般在病株、球茎、块茎、种子、杂草上潜伏过冬。可通过蚜虫、蚧壳虫、螨类、叶蝉、蜡类、线虫、繁殖材料、工具、汁液、嫁接、摩擦、人为活动等传播，只由伤口侵入。

3. 防治方法

（1）农业防治

严格挑选无病毒繁殖材料，如块根、块茎、种子、幼苗、插条、接穗、砧木等，以减少传染来源；发现病株，应及时拔除并烧毁，操作工具都要及时消毒；铲除杂草，注意田园卫生，破坏病毒生存环境；用 50～55 ℃温水浸种 10～15 min；加强栽培管理，注意通风透气，合理施肥与浇水，促进花卉生长健壮，可减轻病毒病为害。

(2)药剂防治

适期喷洒 5％天王星乳油 3000 倍液消灭蚜虫、叶蝉、粉虱等传毒昆虫，或覆盖防虫网对栽培地进行防虫保护。消灭传毒媒介害虫，切断传播途径，有利于防止病毒病的发生。

(十一)根结线虫病

1. 症状识别

根结线虫病可为害一串红、鸡冠花、郁金香、四季海棠、大丽花、菊花、唐菖蒲、绣球、紫罗兰、凤仙花等，该病主要为害植株的侧根、须根，还可为害球茎，在根及球茎上形成大小不等的瘤状物。瘤状物初为白色，后变为褐色，内有乳白色发亮的小点粒，即线虫虫体。受害植株地上部生长缓慢、矮小，叶黄化或皱缩枯萎，花蕾黄枯不开放，严重时导致死亡。

2. 发病特点

根结线虫常以卵或 2 龄幼虫随病根残体在土壤中越冬，可通过灌溉、种球繁殖及农事操作进行传播，带病土壤和残株是主要侵染来源。幼虫侵入根部后固定寄生，30～50 d 完成 1 代，最适生存温度为 25～30 ℃。可通过引种运输进行长距离传播。

3. 防治方法

(1)农业防治

选用无病土育苗、扦插或栽植，或进行土壤消毒；加强检疫，建立无病毒苗圃区；避免连作，发病地可与禾本科植物轮作，间隔 2～3 年；彻底烧毁或深埋病株残体；合理施肥、灌水，采用地下水灌溉、改善排水设施，杜绝使用外来污染水灌溉。

(2)药剂防治

育苗前或移栽前可施滴滴混剂每亩 20～40 kg，或 3％甲基异柳磷颗粒每亩 10～15 kg，或 35％威百亩水剂每亩 3～4 kg，熏蒸土壤 1～2 周，栽植前翻耕通气，以免产生药害；发病时可用 40％甲基异柳磷乳油 1000 倍液浇灌，每株浇灌 150～250 mL。

四、作业与思考

①什么是花卉侵染性病害？主要分为几类？其中真菌性病害和病毒性病害的传播方式分别是什么？

②常见花卉病害有哪些？各有何症状？如何识别和防治？

实践 25　常见花卉虫害识别与防治

一、目的及要求

了解花卉生产中虫害防治的意义,掌握常见花卉虫害的识别要点及相应的防治措施。

二、材料与工具

(一)材料

各类已受虫害的地栽花卉和盆栽花卉;各类杀虫剂,如敌百虫、杀虫脒、溴氰菊酯、马拉硫磷、吡虫啉、甲基阿维菌素等,肥皂、洗衣粉等。

(二)工具

放大镜、捕虫网、喷雾器、塑料桶、软毛刷等。

三、实践方法与步骤

(一)食叶类害虫

这类害虫的口器是咀嚼式的,为害时大口大口地蚕食花卉叶片,造成叶片破损,严重时叶片可被全部吃光。常见的有黄刺蛾、金龟子、蜗牛、蛞蝓等害虫。

1. 黄刺蛾

(1)为害习性

黄刺蛾是园林花卉主要杂食性食叶害虫之一,可为害紫薇、月季、芍药、海棠、山茶花、桂花等,以幼虫啃食造成为害,初孵幼虫群集于叶背面取食叶肉,使叶片呈筛网状;大龄幼虫爬行扩散为害,并直接蚕食叶片,严重时叶片吃光,只剩叶柄及主脉。一年发生 1～2 代,以老熟幼虫在受害枝干上结茧越冬。

(2)形态特征

黄刺蛾幼虫体粗肥,老熟幼虫体长 19～25 mm,体色鲜艳,头小,黄褐色,体黄绿色,体背有一哑铃形褐色大斑;成虫 15 mm 左右,体橙黄色,头小,复眼球形,黑包;触角丝状,棕褐色;前翅黄褐色,后翅灰黄色。

(3)防治方法

①冬季结合修剪,清除树枝上越冬茧,从而消灭或减少虫源。

②成虫羽化期设置黑光灯或频振式杀虫灯诱杀成虫。

③初龄幼虫期喷施 80％敌敌畏乳油 1000 倍液，或 50％辛硫磷乳油 1000 倍液，或 2.5％溴氰菊酯乳油 4000 倍液等。

2. 金龟子

（1）为害习性

金龟子是一种杂食性害虫，常见的有铜绿金龟子、朝鲜黑金龟子、茶色金龟子、暗黑金龟子等，可为害月季、萱草、海棠、唐菖蒲、大丽花、菊花等。成虫啃食叶、芽、花蕾等，常将叶片吃成网状，为害严重时可将叶片全部吃光，并啃食嫩枝，造成枝叶枯死，以春秋两季为害最重。

（2）形态特征

成虫体长 16～21 mm，卵圆形或长卵圆形，体壳坚硬，表面光滑，鞘翅棕色、黑色、暗绿色、铜绿色或紫铜色，多有光泽；有趋光性，多在夜间活动；以幼虫在土壤内越冬，一年发生 1 代。

（3）防治方法

①利用成虫假死性，摇动树枝让成虫掉落在地上，人工捕捉收集处理。

②利用成虫的趋光性，在夜间使用黑光灯、电灯诱杀。

③成虫盛发期可喷施 90％敌百虫 800 倍液、80％敌敌畏 1000 倍液等。

3. 蜗牛和蛞蝓

（1）为害习性

蜗牛和蛞蝓可为害仙客来、铁线莲、秋海棠、一串红、瓜叶菊、矮牵牛、红掌、报春花、君子兰、仙人掌及多肉植物等。二者生活习性相似，喜阴湿，怕干燥和强光，多生存在潮湿和阴暗的地方，因此在生产观叶植物的温室内比较多。白天藏匿在无光、潮湿的地方，夜晚出来啃食幼苗、嫩叶、花和根等，严重时花卉的芽、叶、花等被咬得千疮百孔，严重影响花卉的观赏价值和经济价值。

（2）形态特征

蜗牛、蛞蝓属于杂食性软体动物，前者有壳，后者无壳。蜗牛甲壳大小中等、壳壁厚而坚实，成年甲壳高 12～19 mm，宽 16～21 mm，体螺层 5～6 个，壳面黄褐色、红褐色或琥珀色，一年繁殖 1～3 代；蛞蝓俗称"鼻涕虫"，体为长梭形，柔软光滑，体色暗黑，触角 2 对，一年繁殖 1～2 代。

（3）防治方法

①发生数量少时，可于晴天清晨或傍晚、阴雨天整天人工捕捉。

②春末夏初产卵盛期及时中耕，使卵块暴露于土表暴晒而亡；冬季天寒地冻时翻耕，使其暴露于地面被冻死或被天敌啄食。

③清除周边杂草及植物残体，撒施生石灰，降低湿度，恶化它们的活动环境，使其脱水而亡。

④发生盛期，可喷施 50％敌敌畏乳油 200～300 倍液，或 45％三苯基乙酸锡（百螺敌）可湿性粉剂 800～1000 倍液，或 6％四聚乙醛 800～1000 倍液，70％贝螺杀可湿性粉剂 1000～1200 倍液等。

（二）刺吸类害虫

1. 蚜虫

（1）为害习性

蚜虫是花卉上最常见的害虫,常见种类有棉蚜、桃蚜、桃粉蚜、槐蚜、柏蚜等,可为害金鱼草、三色堇、瓜叶菊、金盏菊、香石竹、水仙、百合、仙客来、矢车菊等多种花卉植物。常常几十头至几百头群聚在叶片、嫩茎、新芽、嫩叶等幼嫩部位吸食为害,受害植株枝叶变形,出现斑点、卷叶、皱缩,生长缓慢,花蕾萎缩或畸形生长,严重时造成落叶甚至枯死。同时,蚜虫分泌的蜜露易诱发煤污病等,另外,蚜虫还可传播植物病毒引起病毒病。

（2）形态特征

蚜虫虫体细小,繁殖力强,夏季 4～5 d 可繁殖 1 代,1 年可繁殖几十代。具刺吸式口器。

（3）防治方法

①虫量不大时,可先挤压后再用清水冲洗干净。

②保护瓢虫、草蛉、食蚜蝇和寄生蜂等天敌。

③定期清除周围杂草,冬季至越冬卵孵化前,人工刷除裂缝、疤痕内的虫卵,集中烧毁或深埋。

④虫量较大时,可用 35％卵虫净乳油 1000～1500 倍液,或 5％天王星乳油 3000 倍液,或 50％灭蚜灵乳油 1000～1500 倍液,或 10％氯氰菊酯乳油 3000 倍液等喷洒。

2. 叶螨

（1）为害习性

叶螨也称红蜘蛛,是一类重要的叶部害虫,分布广泛,种类繁多,主要有朱砂叶螨、柑橘全爪螨、短须螨、山楂叶螨等,可为害月季、杜鹃、栀子、海棠、金橘、菊花、唐菖蒲、非洲菊、大丽花、鹤望兰、万寿菊、马蹄莲等。叶螨可两性生殖,也可孤雌生殖,繁殖速度快,一年可繁殖 10～20 代。成虫、若虫群聚于叶片背部,吸食汁液,受害叶片叶绿素受损,叶面呈现密集细小黄点或斑块,严重时叶片枯黄脱落,甚至因整株叶片落光而造成死亡。

（2）形态特征

叶螨个体小,体长 2～3.5 mm,呈圆形或软圆形,橘黄色或红褐色,具有发亮的黑色双翼,腹部有黄色斑纹。

（3）防治方法

①冬季清除落叶、杂草或给栽植地灌水,以压低越冬螨数量,减少虫源。

②叶螨发生初期可喷洒 73％克螨特乳油 2500～3000 倍液,或 15％速螨酮（灭螨灵）乳油 1500～2000 倍液,或 40％三氯杀螨醇 1000～1500 倍液,或 50％三环锡可湿性粉剂 3000～5000 倍液等。

3. 白粉虱

（1）为害习性

白粉虱可为害大丽花、五色梅、一品红、扶桑、月季、绣球、茉莉、一串红、万寿菊等花卉,是温室花卉的主要害虫。白粉虱繁殖能力强,一年可发生十几代,世代重叠。成虫、若虫群聚在叶片背部吸食组织汁液,使叶片褪绿变黄、萎蔫,枝梢干枯,叶片脱落。白粉虱分泌的大量蜜露会诱发煤污病的发生,污染叶片、枝干,使花卉生长不良甚至整株死亡。

(2)形态特征

白粉虱体小纤弱,长 1 mm 左右,淡黄色,虫体和翅上有白色蜡质粉状物。

(3)防治方法

①合理修剪、疏枝,去除虫叶,及时清除花卉附近杂草,降低虫口密度,减少虫源。

②温室可用防虫网来阻止粉虱进入;还可利用白粉虱对黄色的趋性,在温室内设置黄板诱杀成虫。

③药剂防治,可喷洒 2.5%溴氰菊、20%速灭杀丁 2000 倍液,或 80%敌敌畏乳油、50%磷胺乳油、50%马拉硫磷乳油、25%灭螨猛乳油、50%杀螟松乳油 1000 倍液,或 20%吡虫啉浓可溶剂 3000~4000 倍液等。

4. 蚧壳虫

(1)为害习性

蚧壳虫是温室花卉上最常见的害虫之一,种类繁多,常见的有红蜡蚧、角蜡蚧、糠片蚧、蔷薇白轮蚧、广菲质蚧等。蚧壳虫食性广,可为害山茶花、米兰、月季、仙人掌、木槿、茉莉、海棠、杜鹃、蟹爪兰、杜鹃、绣球等。蚧壳虫繁殖能力强,一年发生多代,群聚为害,常常几头、几十头、上百头群聚在叶片、枝干、果实等组织,吸取汁液,使叶片枯萎,果实干瘪,植株生长不良。同时其分泌物及排泄物易导致花木煤污病等病害的发生,严重时整株枯死。

(2)形态特征

蚧壳虫属刺吸式口器类害虫,虫体小,虫体上常被有蜡质分泌物;幼虫孵化后,蜡质层逐渐形成。

(3)防治方法

①剪除虫枝、虫叶,清扫落叶,集中烧毁;保护寄生蜂、瓢虫等天敌。

②量少时可用棉签蘸 75%酒精抹去或刷子刷除,量多时人工刷除后再喷药剂。在孵化盛期若虫表面尚未形成蜡质外壳时,喷洒 50%马拉硫磷乳油 800~1000 倍液,或 20%菊杀乳油 1000~1500 倍液。

5. 蓟马

(1)为害习性

常见为害花卉的蓟马有烟蓟马、花蓟马、黄胸蓟马、亮蓟马、中华管蓟马、小头蓟马等多种,可为害月季、芍药、晚香玉、菊花、唐菖蒲、香石竹、白兰花等。蓟马成虫喜高温干旱,不喜光,昼伏夜出;繁殖能力强,世代更替快,一年可连续发生 12~15 代。蓟马以锉吸式口器取食花卉植物的花、果、叶、芽、嫩梢等中的汁液,受害处常出现密集白色小点或者长条形的斑块,造成叶片扭曲、嫩梢卷缩、花瓣褪色。此外,蓟马还能传播病毒病。

(2)形态特征

蓟马成虫体小狭长,体长一般不超过 2mm,黑色、褐色或黄色。

（3）防治方法

①加强肥、水管理，促使植株生长健壮，减轻为害；冬季清除周边田间杂草和枯枝残叶，集中烧毁或深埋，消灭越冬成虫和若虫；利用蓟马趋蓝色的习性，挂蓝色粘板，诱杀成虫。

②可选择傍晚喷施乙基多杀菌素 1000～2000 倍液，或 2.5％溴氰菊酯 2000～2500 倍液，或 15％唑虫酰胺 1500～2000 倍液，或 5％甲维盐 2000～3000 倍液等。

（三）钻蛀类害虫

1. 天牛

（1）为害习性

天牛种类繁多，为害花卉的主要有菊天牛、星天牛、咖啡天牛、桃红颈天牛、刺角天牛等，可为害梅花、金银花、海棠、月季、红叶李、紫薇等。不同种类天牛及生活习性差异较大，1 年或 2～3 年发生 1 代，以幼虫或成虫在树干内越冬。卵多产生在主干、主枝树皮缝隙中，幼虫孵化后，蛀入木质部为害，蛀孔处有锯末和虫粪，受害枝条枯萎或折断，严重时整株死亡。

（2）形态特征

种类不同，成虫体形的大小差别大，体长 9～40 mm，体呈长圆筒形，体前端扩展成圆形，似头状，多呈黑色，有很长触角；幼虫为淡黄或白色。

（3）防治方法

①用铁丝从幼虫排粪孔深入虫道，将幼虫钩杀。

②幼虫多在蛀孔下部，可注入 40％毒死蜱乳油、50％敌敌畏乳油、树体杀虫剂等毒杀幼虫。

③成虫产卵期，经常检查树体，发现产卵伤痕，应及时刮除虫卵。成虫发生前，在树干和主枝上涂白，涂白剂配比：生石灰 10 份、硫黄粉 1 份（或石硫合剂原液 2 份）、食盐 0.3 份、动物油或植物油 0.2 份、水 35～40 份。

④成虫盛发期，可喷施绿色威雷 150～200 倍液、噻虫啉 200～300 倍液、3％高效氯氰菊酯 600～800 倍液等。

2. 木蠹蛾

（1）为害习性

木蠹蛾是重要的钻蛀害虫，主要有沙棘木蠹蛾、小线角木蠹蛾、沙柳木蠹蛾、芳香木蠹蛾、咖啡豹蠹蛾等，可为害木槿、月季、石榴、樱花、香石竹、山茶花、菊花等。木蠹蛾 1～4 年完成 1 代，以幼虫在被害枝干内越冬。幼虫钻食枝干的韧皮部和木质部，虫孔呈圆形，排出颗粒或圆球形粪便，常常几十乃至几百头群集在蛀道内为害，造成枝条枯死，植株不能正常开花，或茎干蛀空而折断。

（2）形态特征

木蠹蛾成虫为中至大型蛾类，头部小，喙退化或无，一般多为灰褐色；幼虫粗壮，多为红色。

（3）防治方法

①剪除受害嫩枝、枯枝，集中销毁；在羽化高峰期可利用成虫趋光性，使用黑光灯

进行诱杀或人工捕捉;或在木蠹蛾土内化蛹期进行捕杀。

②初孵幼虫可用 2.5％溴氰菊酯,或 20％杀灭菊酯 3000～5000 倍液等喷雾毒杀。对已蛀入干内的中、老龄幼虫,可用 80％敌敌畏 100～500 倍液,或 50％马拉硫磷乳油、20％杀灭菊酯乳油 100～300 倍液,或 40％乐果乳油 40～60 倍液等注入虫孔毒杀。

3. 月季茎蜂

(1)为害习性

月季茎蜂别称蔷薇茎蜂,主要为害月季、蔷薇、黄刺玫、玫瑰、十姊妹等。月季茎蜂 1 年可发生 2 代,以幼虫钻入枝条地下部分或较粗的枝条内作薄茧越冬。初孵幼虫即蛀入茎干内,并沿着茎干中心向下蛀食,把排泄物随即塞到蛀空的茎干内,导致整个枝条枯死。

(2)形态特征

月季茎蜂成虫体长 20 mm 左右,体黑色,有光泽,翅深茶色,半透明;幼虫体长 30 mm左右,体乳白色,头橙黄色。

(3)防治方法

①发现受害下垂枝梢应及时剪除,要剪到茎髓无蛀道为止,然后将病枝集中处理;冬季结合修剪,剪除有褐色斑点枝条,集中销毁,减少越冬虫源。

②幼虫为害期,可向蛀孔内注入 50％敌敌畏乳油 50 倍液等。

四、作业与思考

①常见花卉虫害有哪些种类? 如何识别?

②以蚜虫、红蜘蛛、蚧壳虫的防治为例,总结花卉常见虫害防治措施,并写出相应实践报告。

实践26 露地花卉应用——盛花花坛种植设计

一、目的及要求

了解花坛在园林中的应用,掌握花坛设计的基本原理和方法,并达到能实际应用的程度。

二、材料与工具

(一)材料

城市各大广场、公园、街道及绿地等。

(二)工具

卷尺、测高器、绘图板、图纸、铅笔、针管笔、彩笔等。

三、实践方法与步骤

(一)花坛的特点及类型

花坛是在具有几何形轮廓的植床内种植各种不同色彩花卉,运用花卉的群体效果来体现图案纹样,或观赏盛花时绚丽景观的一种花卉应用形式,一般多设在广场和道路的中央,有时也设在园林中比较广阔的场地中央。

1. 花坛特点

①花坛通常有几何形的栽植床,属于规则式种植设计,多用于规则式园林构图中。

②花坛主要表现花卉组成的平面图案纹样或华丽的色彩美,不表现花卉个体的形态美。

③花坛多以时令性花卉为主体材料,因而需随季节更换材料,保证最佳的景观效果。

2. 花坛类型

(1)按表现主题分类

①盛花花坛。盛花花坛又称花丛式花坛,以开花时的整体效果为主,表现出不同花卉的种或品种的群体,以及相互配合所显示的绚丽色彩与优美外貌。

②模纹花坛。模纹花坛又称毛毡花坛、图案式花坛等,主要表现由观叶或花叶兼美的植物所组成的精细复杂的图案纹样,植物本色的个体美和群体美都居于次要地

位,而由植物组成的装饰纹样或空间造型是模纹花坛的主要表现内容。

(2)按空间位置分类

①平面花坛。花坛表面与地面平行,主要观赏花坛的平面效果,也包括沉床花坛或稍高于地面的花坛。

②斜面花坛。花坛设置在斜坡或阶地上,也可布置在建筑的台阶两旁或台阶中间,花坛表面为斜面。

③立体花坛。花坛向空间伸展,具有竖向景观。常以造型花坛为多见,用模纹花坛的手法,选用五色草或小菊等草本植物制成各种造型,如动物、花篮、花瓶、塔等。

(二)盛花花坛设计

1. 设计要求

花坛在环境中可作为主景,也可作配景,要以园林美学为指导,充分表现植物本身的自然美,以及花卉植物所组成的图案美、色彩美或群体美。形式与色彩的多样性决定了花坛在设计上也有广泛的选择性。花坛的设计首先应在风格、体量、形状诸方面与周围环境协调,其次才是体现花坛自身的特点。花坛的体量、大小应与花坛设计处的广场、出入口及周围建筑的高低成比例,一般不应超过广场面积的 1/3,不小于 1/5。花坛的外部轮廓应与建筑物边线、相邻的路边和广场的形状协调一致;色彩应与环境有所差别,既起到醒目和装饰作用,又与环境协调,融于环境之中,形成整体美。

2. 花卉植物选择

盛花花坛一般要求花卉植物株高宜矮、株丛紧密、开花一致、着花繁茂、花期较长,多用观花草本植物,可以是一、二年生花卉,也可用多年生球根或宿根花卉,也可适当选用少量常绿、彩叶或观花小灌木作为辅助材料。一、二年生花卉种类多、色彩丰富、成本较低,常见种类有藿香蓟、金鱼草、美女樱、雏菊、鸡冠花、半枝莲、三色堇、一串红、彩叶草、石竹等。球根花卉也是盛花花坛的优良材料,色彩绚丽、开花整齐、高贵典雅,但成本较高,常见的种类有风信子、郁金香、喇叭水仙等。

3. 色彩设计

首先,花坛用色要考虑用花意图、季节、周围环境等因素。例如,喜庆节日用花应以红、黄等暖色调为主,色彩不鲜明时可加白色以调剂提高花坛明亮度,这样配色鲜艳、热烈而庄重。大型花坛中常用黄、白、红三色或其中两色进行搭配(如黄早菊+白早菊+一串红或一品红+金盏菊或黄三色堇+白雏菊或白三色堇+红色美女樱等)。夏季多考虑用冷色调花;春、秋季则应多用暖色调花。另外,花坛用色不宜太多,一般花坛以 2～3 种颜色为好,大型花坛不超过 4～5 种。

4. 图案设计

外部轮廓主要是几何图形或几何图形的组合。花坛大小适度,一般观赏轴线以8～10 m 为度。在外形多变的建筑物前设置花坛,可用流线或折线构成外轮,对称、拟对称或自然式均可,力求与环境协调。内部图案忌烦琐,要求简洁、轮廓明显,要求有大色块效果。

(三)花坛设计图

根据设计形成设计图及说明书。

1. 环境总平面图

标出花坛所在环境的道路、建筑边界线、广场及绿地等，并绘出花坛平面轮廓。依面积大小有别，通常可适用 1∶100 到 1∶1000 的比例。

2. 花坛平面图

花坛平面图表明花坛的图案纹样及所用植物材料。如果用水彩或水粉表现，则按所设计的花色上色，或用写意手法渲染。绘出花坛的图案后，用阿拉伯数字或符号在图上依纹样使用的花卉，从花坛内部向外依次编号，并与图旁的植物材料表相对应。表内项目包括花卉的中文名、拉丁学名、株高、花色、花期、用花量等。若花坛用花需随季节变化更换，也应在平面图及材料表中予以绘制或说明。

3. 花坛立面效果图

用来展示及说明花坛的效果及景观。花坛中某些局部，如造型物等细部必要时需绘出立面放大图，其比例及尺寸应准确，为制作及施工提供可靠数据。

4. 设计说明书

简述花坛的主题、构思，并说明设计图中难以表现的内容，文字宜简练，也可附在花坛设计图纸内。对植物材料的要求，包括育苗计划，用苗量的计算，育苗方法，起苗、运苗及定植要求，以及花坛建立后的一些养护管理要求。上述各图可布置在同一图纸上，注意图纸布图的媒体效果。也可把设计说明书另列出来。

（四）花坛植物种植施工

1. 整地施肥

花卉栽培土壤要求疏松、深厚、肥沃，因此在种植前先整地，一般深翻 30～40 cm，除去草根、石头等杂物，施适量肥性好、持久性强、已腐熟的有机肥作基肥。

2. 砌边

按照设计的花坛外形轮廓砌边，砌边高度一般为 10～15 cm，大型花坛一般不超过 30 cm。一般采用青砖、红砖、石块砌边，也可采用草坪植物铺边，还可采用绿篱及低矮植物（如葱兰、麦冬）以及矮栏杆围边，保护花坛免受人为破坏。

3. 放线

按花坛内部图案放线，简单图案用白灰撒线，稍复杂图案可用铁丝或胶合板做出纹样，再画到花坛面上。

4. 起苗栽植

裸根苗随起随栽，起苗时注意尽量保持根系完整；盆栽花苗栽植时最好将盆退下，注意保证盆土不松散；掘带土花苗时，如花圃畦地干燥应先浇灌苗地，起苗注意保持根部土球完整，如花苗土球松散可以先缓苗再栽植。栽植时按照图案先里后外、先左后右、先栽主要纹样后栽次要纹样。如果花坛面积较大，可在隔板上作业，以免踏实坛面。栽植时还要做到苗齐地平。

（五）花坛养护管理

栽植后浇透水，并注意养护管理。盛花花坛一般只有 1～2 个季节的观赏期，故一年有 3～5 次的更换。换花时可按原有图案，仅更换花卉，也可重新设计图案加以布置。花坛花期过后,应及时更换。

四、作业与思考

①以小组为单位(每组 5～6 人),分小组调查当地主要广场、街道和绿地等现有花坛(主要以国庆节、"五一"、元旦为主要时期集中调查),调查内容包括花坛类型、常见花坛花卉种类、花卉在花坛内的配植特点等。并选取 2～3 个较好的花坛进行实测与评价,主要现场测量其面积、轮廓线等,同时绘制出花坛及花卉配植的平面示意图。

②设计某处国庆花坛或"五一"花坛,每人完成一套花坛设计平面图(比例尺为 1∶50 到 1∶500),并附上设计说明书。

实践 27　花卉组合盆栽制作

一、目的及要求

熟悉花卉组合盆栽特点及设计原则，能进行花卉组合盆栽的设计，并掌握花卉组合盆栽制作流程和操作技术。

二、材料与工具

（一）材料

多肉植物（熊童子、黑肌雨露、紫珍珠、红宝石、乌木等），观花植物（蝴蝶兰类、杜鹃类、朱顶红、仙客来、一品红等），观叶植物（红掌、绿萝、马蹄莲、金钻万年青、苹果竹芋、天鹅绒竹芋、鸟巢蕨、铁线蕨等），泥炭土、赤玉土、鹿沼土、绿沸石、火山岩、陶粒等，多种颜色、材质、形态的盆器及装饰物等。

（二）工具

镊子、小刷子、剪刀、尖嘴浇水壶、细孔喷壶、铲土杯等。

三、实践方法与步骤

（一）花卉组合盆栽特点

花卉组合盆栽最早被称作盆花艺栽，在国外，组合盆栽也被称作"迷你小花园"。它其实是指选用 2 种以上生长习性相似的观赏植物，运用艺术的原则和配置方法，人为设计安排后，将其合理搭配并栽植在同一个容器内的花卉应用形式。花卉组合盆栽表现植物间的线条感、层次感、韵律感，加上山石、枯木、人偶等小品，能仿山林之野趣，再现自然之风光，将植物的自然美与设计的艺术美完美结合。

花卉组合盆栽设计理念新颖，装饰艺术性强。它与插花艺术作品相比，植物是鲜活的，具有更强的生命力，作品可观赏时间更持久，并随着植物的生长有动态变化的效果；与盆景作品相比，组合盆栽没有人工的扭曲、蟠扎，更加生态自然，而且制作周期短、难度小、价格更加实惠，更适合走入千家万户；与传统单一的盆栽相比，组合盆栽有设计，有故事，有意境，具有更高的艺术性和观赏价值。

（二）花卉组合盆栽设计原则

1. 植物生活习性相近

组合盆栽中的植物要种植在同一容器内，为便于后期养护管理，需要选择对光照、湿度、温度、土壤酸碱度、养护管理等要求相近或类似的植物进行组合。如常见的多肉组合盆栽，一般由喜光、耐旱的仙人掌科、景天科和龙舌兰科等多肉植物组成；观叶植物组合盆栽由喜阴耐湿的蕨类、竹芋科等植物组成。

2. 主题突出，色彩和谐

每个组合盆栽都有要表达的特定寓意，都有一定的主题，因此制作时，首先要明确主题。主体植物放在最吸引眼球的地方，通过独特的花色、花形及植物姿态进行表达。主体植物确定后，再选用其他小型植物材料为陪衬。注意各花材之间花型、花色、叶型、叶色要有浓淡变化，并搭配和谐。

3. 错落有致，层次分明

组合盆栽的结构和造型要求上下平衡，高低错落，层次感强。首先，盆器的高矮、大小与所配置的花卉要相协调。其次，选择的植物在株高、体量、叶形、叶色上要富有变化，有高低错落起伏之美。植物要株型优美、比例协调，一般根据盆器大小，选择中型直立花材为主景植物，大型植物为背景材料，小型植物或藤蔓类在前为点缀，前景、中景、后景层次分明，整体平衡。

4. 疏密有致，虚实结合

组合盆栽布局要注意疏密相间，避免太密造成杂乱感，或太稀疏则一览无余，根据盆器的大小确定植物种植数量，一般小盆 2～3 种配合，中盆 3～5 种配合，大盆 5～7种配合，既要花材丰富，又要保留适度的生长空间。另外利用植物、配件与容器的比例关系，小中见大，虚实结合，适度留白，引人遐想，体现作品的意境美。

（三）花卉组合盆栽制作

1. 构思创意

组合盆栽在种植前应进行构思创意，创意巧妙，常能达到意境深邃、耐人寻味的境地，从而给人以美的享受。构思创意有多种途径：①根据花卉品性构思；②根据物体图案构思；③根据环境色彩构思；④根据器皿含义构思。

首先要确定主题品种。一个组合盆栽要用到多种花卉，突出的只有 1～2 种，其他材料都是用来衬托这个主题品种的。主花的颜色也奠定了整个作品的色彩基调，所选择的主题品种和制作目的、用途以及所摆放的位置密不可分。

其次，植物的生长特征也是制约花卉品种选择的一个重要因素，这对作品的整体外观、养护管理等都是十分重要的。其他如容器种类、样式、大小的选择，应与所选花卉相协调。

2. 盆器及装饰品准备

栽植盆器不仅可以提供植物生长的空间，也是组合盆栽设计的灵感来源，因此要求美观、有特色、艺术观赏价值高。主要有紫砂盆、瓷盆、玻璃盆器、纤维盆、木质盆器、藤质盆器、工艺造型盆器及通盆类等。装饰品类有很多，如小动物、小蘑菇、小灯笼、小人偶、石块、枯枝、松球、苔藓等。

3. 栽培基质选择

组合盆栽所用基质既要考虑花卉的生长特性，又要考虑其所处的环境。基质总的要求是通气、排水、疏松、保水、保肥、质轻、无毒、清洁、无污染，主要有泥炭、蛭石、珍珠岩、河沙、水苔、树皮、陶粒、彩石、石米等可供选择。

4. 花卉植物选择

根据作品创意选择花卉。花卉种类很多，有花形美观、花色艳丽、花感强烈的焦点类花卉；有生长直立、突出线条的直立类花卉；有枝叶细密、植株低矮的填充类花卉；有枝蔓柔软下垂的悬垂类花卉。

5. 栽植流程

(1)上盆前准备

上盆前准备好必备的花卉植物材料、栽培需要的各类基质、盆器及装饰材料，以及移栽所需要的铲子和尖头剪刀、盆底石、盆底网等。观察花卉植物状况，若有枯叶、变黄的叶子或开败的花等要事先除去。

(2)培养土配制

对盆栽培养土的基本要求是要具备良好的透气、保水和排水(渗水)性能。即使是肥沃的菜园土或花园土，也不宜直接用来作为组合盆栽的培养土，必须混进一些粗结构的颗粒，如珍珠岩、蛭石、树皮、粗砂、泥炭藓等。另外还要根据所选植物习性进行配制，具体可参考实践18。

(3)模拟移栽

不用脱盆，先将原盆的植物按设计好的造型摆放在花盆中，先摆放最高最大的，然后摆放规格更小的。配置时要综合考虑花卉植物的形态、朝向、颜色、高度等，不断调整植物的位置和方向，直到符合构思创意要求。

(4)移栽

移栽前，先要放入盆底网和盆底石，盆底网盖在排水孔上，可以防止盆土流失或害虫进入。盆铺好盆底网后平铺放入盆底石，使盆底排水畅通。之后在盆底石上面放入配置好的培养土，根据模拟移栽方案，先移入焦点花卉，确认栽植高度，再依据造型移入其他花卉。根球与容器之间及根球与根球之间不能有空隙，所有间隔必须用培养土填实。所有花卉移栽完成后进行覆土，且要把表面压平、压实，最后浇透水。

(5)装饰

对组合盆栽的容器和花卉进行整理，清理容器上洒落的培养土，对枝叶作适当修剪，以达到设计观赏效果。最后根据设计的创意、主题、氛围等在花盆中加入人偶、小房子、小动物、枯枝、苔藓、沸石等装饰物，增加组景的内涵和观赏性。

(四)组合盆栽养护

1. 水分与湿度

大部分花卉植物只要保持基质湿润即可，浇水的基本原则是"不干不浇，见干即浇，浇则浇透"，不能浇"拦腰水"，浇透的标准为盆底透水孔有水漏出，如吊兰、叶常春藤、榕树、杜鹃、桂花、朱顶红、仙客来等。通常草本花卉浇水间隔的时间要比木本花卉短一些,球根类花卉也应适当干些。

多肉植物(如仙人掌属和景天属植物)需干燥一些,浇水要遵循"宁干勿湿",待盆土干透进行浇水,浇水应一次浇透。

对水分要求较高的湿生花卉,应掌握"宁湿勿干"的浇水原则,除正常浇水外,应定期进行叶面喷雾以达到花卉正常生长所要求的湿度。天南星科、竹芋科、蕨类植物都属于此类,常见的花卉有红掌、绿萝、黄金葛、金钻万年青、苹果竹芋、天鹅绒竹芋、鸟巢蕨、铁线蕨等,都需要在保持盆土湿润的同时,保持较高的空气湿度。

2. 通风与光照

花卉养护时需要空气流通和适度光照,以使花卉植物良好进行光合作用,利于花卉生长。对于喜光花卉,应摆放在光照充足地方,还应定期转动花盆,以使不同方位栽植的花卉都能得到充分的光照,保持组合盆栽的造型不发生太大变化。而耐阴的湿生花卉,可置于室内阳光不足处,只需一定的散射光,就可以正常生长。

3. 整形与修剪

当花卉移栽4~5个月后,枯死的1年生草花应及时更换,重新进行组合,开败的多年生花卉应进行修剪,保持其造型不发生太大变化。另外还可能发生植株之间相互碰撞、叶片生长过盛、叶片枯黄等现象,应及时予以整形、修剪。

4. 施肥

组合盆栽在观赏期内一般不需要施肥,可根据花卉的种类、观赏特性及生长发育情况灵活掌握。细心观察花卉的叶片,尤其是嫩叶、叶尖,以及花来诊断花卉所缺元素,采用叶面喷施补充效果较好,但要遵循少量多次的原则。

5. 病虫害防治

注意摆放地点清洁卫生,通风良好,不往花盆里乱丢不洁物品,尽量减少病原入侵。由于摆放地点特殊,不随意使用化学防治,一旦发现病虫害,应及早处理,如修剪病虫枝,并集中销毁,或尽早去除有病虫害的植物,采用换土或者晾晒等措施进行防治。如果病虫害发生严重,必要时可在户外或温室进行适当的化学防治。

四、作业与思考

每3~4人为一组,每组根据提供的花卉植物、盆器等素材,完成一份组合盆栽作品,每个作品要求提供名称、构思创意说明、作品实物等,每小组派代表对作品进行解说。最后小组间互相打分,评定作品成绩。

第四章
蔬菜、花卉植物生产基地与市场考察

实践 28　蔬菜生产基地考察

一、目的及要求

　　了解蔬菜生产基地的现状,包括生产技术特色、产品流向、经营管理方式等,学会对蔬菜生产基地进行规划与布局。

二、材料与工具

(一)材料

　　规模较大、设备设施较全、生产力水平较高的蔬菜生产基地。

(二)工具

　　记录本、照相机、米尺、卷尺等。

三、实践方法与步骤

(一)考察内容

1. 基地环境

　　基地位置:周边环境,基地距离城市、工业区、交通要道等关键地标的距离。

　　气候:年平均气温,最高、最低温度,活动积温、有效积温、日照时数、初霜期和晚霜期、年降雨量、雨量分布情况、不同季节风向风力等。

土壤:土壤性质、结构、酸碱度、肥力、地下水位情况等。

2. 基地规划

基地面积、功能区(育苗区、种植区等)划分、道路系统、排灌系统等。

3. 基地设施设备

建筑物、温室、塑料大棚、运输工具、机械化与自动化设备、各种栽培机具及容器等。

4. 基地蔬菜种类及品种

叶菜类、果菜类、根菜类、花菜类、茎菜类;露地栽培种类、设施栽培种类;主要生产经营种类,少量生产经营种类。品种包括常规品种及引进新品种等。

5. 基地蔬菜种植管理技术

基地种植制度、栽培方式、灌溉方式、施肥制度、病虫害防治技术等,以及蔬菜采收方式、商品化处理技术、贮藏条件及保鲜技术等。

6. 基地经营管理及经济效益情况

基地用工、用料、生产产量、成本核算、销售模式、市场销售供求、经济效益等,以及资金来源、品牌建设和市场竞争情况等。

(二)考察方法

1. 现场观察法

深入基地,基地负责人先介绍基地建设基本情况,再带领学生实地参观,了解基地及基地周边环境、基础设施设备、生产规模、生产管理等情况。

2. 访谈法

与基地负责人、管理人员、技术人员等深入交流,了解基地蔬菜生产种类、品种类型、种植面积、种植技术、病虫害防治技术、生产产量、销售模式、生产成本、产品利润、基地经济效益等。

四、作业与思考

①总结所考察的蔬菜生产基地的生产布局、生产管理技术、经营模式等,写出考察报告,并制作 PPT(演示文稿)进行汇报。

②根据考察结果,小组讨论,谈谈对蔬菜生产现代化与产业化发展有何设想和建议。

实践 29　花卉生产基地考察

一、目的及要求

　　了解花卉生产基地的发展现状,包括结构布局、生产设施、花卉生产过程、技术应用和管理办法等,为提高花卉生产效益和品质提供理论依据和实践指导。

二、材料与工具

(一)材料

规模较大、设备设施较全、花卉种类较多的花卉生产基地。

(二)工具

记录本、照相机、米尺、卷尺、笔等。

三、实践方法与步骤

(一)考察内容

1. 基地环境

基地位置:基地距离城市距离、周边主要交通要道、运输能力等。

气候:年平均气温,最高、最低温度;活动积温、有效积温、日照时数、初霜期和晚霜期;年降雨量、雨量分布情况等。

土壤:土壤性质、结构、酸碱度、肥力、地下水位情况等。

2. 基地规模与分区

基地园区面积、温室数量、道路系统、排灌系统等;功能分区包括育苗区、盆栽区、切花区、名贵花卉区等。

3. 基地设施设备

智能温室温控系统、无土栽培设施、运输工具、机械化与自动化设备、各种栽培机具及容器等。

4. 基地花卉种类及品种

切花类、草花类、盆栽类;露地栽培种类、温室栽培种类;主要生产经营种类,少量生产经营种类。品种包括常规品种、引进新品种、名贵品种等。

5. 基地花卉种植管理技术

花卉育苗、移栽、施肥、浇水、无土栽培、病虫害防治等技术,以及切花采收标准、商品化处理、贮藏条件及保鲜技术等。

6. 基地经营管理及经济效益情况

基地生产计划、生产周期、用工用料、成本核算、销售渠道、销售策略、市场销售供求、经济效益等，基地品牌建设、市场竞争以及基地花卉发展趋势等情况。

（二）考察方法

1. 现场观察法

深入基地，基地负责人先介绍基地建设基本情况，再带领学生实地参观，了解基地及基地周边环境、基础设施设备、生产规模、生产流程、技术应用等情况。

2. 访谈法

与基地负责人、管理人员、技术人员等深入交流，了解基地花卉生产种类，品种引进及选育，生产流程，生产管理技术，销售渠道，销售机制，生产成本，经营理念等。

四、作业与思考

①总结所考察的花卉生产基地的生产、管理、经营等情况，写出考察报告，并制作PPT进行汇报。

②根据考察结果，小组讨论，提出自己对当地花卉生产现代化与产业化发展的设想和建议。

实践 30　蔬菜市场考察

一、目的及要求

了解当地蔬菜市场现状,如蔬菜种类、质量、价格、包装、保鲜、流通(流通过程及流通方向)、销售、市场供求等,掌握市场与生产的关系,把握蔬菜生产方向和市场需求。

二、材料与工具

(一)材料

各类型蔬菜批发市场、农贸市场、农村集市、超市等。

(二)工具

问卷调查表、笔、笔记本、交通工具、相机等。

三、实践方法与步骤

(一)考察地点

当地不同类型蔬菜产品销售点,如批发市场、农贸市场、大中小型超市、零售市场或门店、集市、流动菜摊等。

(二)考察内容

1. 当地社会经济情况

人口数量、分布、密度、产业结构、交通运输、当地经济发展水平、物价总体水平、城乡居民收入水平、消费水平等。

2. 市场基本情况

当地不同蔬菜市场规模、地理位置、交通情况、人流量、市场设施与环境、消费群体等。

3. 市场蔬菜种类、质量及价格

当地不同类型市场蔬菜种类、价格、产品外观质量与内在质量、质量与价格的关系(包括无公害蔬菜、绿色蔬菜、有机蔬菜等的价格),市场对产品质量检验的方法与手段,以及消费者对产品质量、价格的要求。

4. 蔬菜货源及市场供求

当地主要蔬菜产品上市量、货源渠道(当地自产或是外地直发,以及相应比例)、日流通量及市场需求量等。

5. 蔬菜采后处理、包装与销售

产品采后处理技术、常见包装材料、规格、销售模式（直销或代销）、销售服务、主要种类产品销售量、不同规模市场销售量等。

（三）调查方法

1. 实地考察法

有关人员带领学生去代表性的大中型市场、超市、门店等进行实地考察，考察过程中市场负责人或销售人员介绍市场或产品的基本情况，采用互动式考察，学生在此过程中观察记录，如蔬菜种类、来源、绿色蔬菜比例、采后处理、包装、质量、数量、市场规模、消费者购买情况、销售情况等。

2. 访谈法

学生分小组对零售市场、流动菜摊等销售人员或从业人员、自销农户等进行访谈，了解产品来源、销售价格、销售量（分日、月、年销售量）、不同种类产品（叶菜类、果菜类、茎菜类、根菜类等）利润、市场需求量等市场状况。

3. 问卷调查法

学生分小组，每组可参考本实践所附调查问卷，根据各组实际情况自行设计问卷调查表，到市场中去，主要对消费者进行问卷调查，收集相应数据信息，并进行分析。

附：蔬菜市场需求调查问卷

您好！我是××××学院的学生，我们正在进行蔬菜市场调查。为了解××城市蔬菜市场的现状，并对发展前景作出预测，现对××蔬菜市场的情况进行调查，相关信息仅供专业实践使用，十分感谢您的参与！

Q1：您的性别？

□A. 男　　　　□B. 女

Q2：您的年龄？

□ A. 15～20 岁　□ B. 21～30 岁　　□ C. 31～40 岁　　□ D. 41～50 岁

Q3：请问您是否在家中做饭？

□ A. 从不　　　□ B. 偶尔　　　　□ C. 经常　　　　□ D. 每天

Q4：请问您习惯从哪里购买蔬菜？（可多选）

□ A. 农贸市场　　　　　　　　□ B. 超市

□ C. 蔬菜门店　　　　　　　　□ D. 农户

□ E. 流动菜摊　　　　　　　　□ F. 网上订购

Q5：请问会影响您选择蔬菜购买地点的因素有哪些？（可多选）

□ A. 质量　　□ B. 价格　　　□ C. 蔬菜种类　　□ D. 新鲜度

□ E. 其他

Q6：请问您一周购买几次蔬菜？

□ A. 几乎天天买　　　　　　　□ B. 三次及以上

□ C. 两次　　　　　　　　　　　　□ D. 一次

Q7：请问您平时何时购买蔬菜？

□ A. 6：00—9：00　　　　　　　□ B. 9：00—12：00

□ C. 16：00—19：00　　　　　　□ D. 其他

Q8：请问您买菜更看重什么？（可多选）

□ A. 新鲜度　　□ B. 价格　　　□ C. 卖菜环境　　□ D. 是不是时令蔬菜

□ E. 其他

Q9：您认为当前蔬菜市场价格合理吗？

□ A. 合理　　　□ B. 一般　　　□ C. 不合理

Q10：您对当前蔬菜销售价格是否满意？

□ A. 是　　　　□ B. 否

Q11：您认为您所在地蔬菜种类丰富吗？

□ A. 丰富　　　□ B. 一般　　　□ C. 种类少

Q12：您所在地蔬菜主要来源是？

□ A. 当地蔬菜基地种植　　　　　□ B. 当地菜农种植

□ C. 外地市场批发　　　　　　　□ D. 不清楚

Q13：您更喜欢的蔬菜来源是？

□ A. 当地基蔬菜地种植　　　　　□ B. 当地菜农种植

□ C. 外地市场批发

Q14：您对反季节蔬菜的态度是？

□ A. 喜欢　　　□ B. 可以接受　　□ C. 不喜欢

Q15：您觉得当地有必要发展蔬菜种植基地吗？

□ A. 很有必要　□ B. 无所谓　　　□ C. 没必要

Q16：您对多多买菜等网络售菜平台是否感兴趣？

□ A. 是　　　　□ B. 否

Q17：您听说过无公害蔬菜、绿色蔬菜、有机蔬菜吗？知道它们之间的差别吗？

□ A. 听说过但不清楚差别　　　　□ B. 听说过，知道一点区别

□ C. 听说过，很清楚区别　　　　□ D. 从来没听说过

Q18：今年干旱，导致很多蔬菜缺乏供应，价格上涨，这对于您的家庭支出有多少影响？

□ A. 有一定影响　　　　　　　　□ B. 有，非常大

□ C. 没多大影响　　　　　　　　□ D. 说不清楚

Q19：如果有有机蔬菜，与一般的蔬菜价格相比，您会接受哪个？

□ A. 比普通蔬菜高出百分之四十的价格

□ B. 比普通蔬菜高出百分之二十的价格

□ C. 比普通蔬菜高出百分之五的价格

□ D. 与普通蔬菜价格一样

Q20：您对××城市蔬菜市场的发展建议是什么？

四、作业与思考

　　根据考察结果以及收集到的市场信息,撰写考察报告,制作 PPT 进行汇报。考察报告要对收集的数据、信息进行整理分析,对当地蔬菜市场存在的问题进行分析,并提出相应的改进建议和措施,同时对市场及今后生产方向进行预测。

实践 31　花卉市场考察

 目的及要求

了解当地花卉市场的发展现状,如花卉种类、质量、价格、流通、销售、市场供求等,取得可靠的第一手资料,并能进行分析,将市场和生产有机联系起来,把握生产方向和市场需求。

 材料与工具

（一）材料

当地不同类型的花卉市场,如花卉批发市场、花卉零售市场、花店、超市、集市等。

（二）用具

交通工具、笔记本、笔、照相机等。

 实践方法与步骤

（一）考察地点

当地不同类型的花卉市场,如花卉批发市场、花卉零售市场、花店、超市、集市等。

（二）考察内容

1. 花卉货源与供求

①当地花卉生产基地的数量和布局,花卉栽植的种类、品种、栽植面积、产量,新产品开发及上市情况,当地花卉货源主要来自当地自产或是外地直发及相应比例。

②花卉市场所在位置、交通与花卉运输情况、市场面积、市场管理与服务状况、进入花卉批发市场的企业单位等,以及当地零售花店数量、大小、规模、分布等情况。

③当地社会经济状况(包括人口数量、人口密度、居民收入等)、消费群体、消费习惯、购买力水平、居民家庭对各类花卉拥有量与需求、消费倾向等。

2. 花卉种类与价格

①进入花卉市场的花卉产品种类、品种、产地、采收与贮藏时间、等级。

②花卉质量(如植株大小、形状、颜色、等级等)与价格的关系。

③花卉价格的形成(生产成本、流通费用、税收、利润等),花卉批发价格、零售价

格、花卉差价等。

④畅销的花卉种类、品种,以及消费者对花卉质量和价格的反应。

3. 花卉销售与促销

①花卉市场服务状况,如售前服务、销售服务(包括陈列产品、备有现货、送货上门等)、售后服务(包括现场及售后技术咨询指导等)。

②花卉市场的促销方式,包括广告、文字、陈列、标牌、包装等。

③花卉批发市场收集信息的方法渠道及对信息的利用。

(三)考察方法

1. 实地考察法

选择较大型的花卉市场或花卉批发集散地,除集中进行考察外,学生还可利用课余时间或假期,分小组分散多次进行考察。考察过程中,教师引导学生观察各类产品品种、种类、产品来源、包装、质量、消费者购买情况、当地购买力水平等,并做好相应观察记录。

2. 访谈法

由市场负责人或销售人员介绍市场或产品的基本情况,如花卉产品来源、销售价格、销售量、消费群体、产品利润等市场状况。学生提问,有关人员解答。

3. 问卷调查法

学生分组,每组可参考本实践所附调查问卷,根据各组实际情况自行设计问卷调查表,到市场中去,对消费者、行人、游客等进行问卷调查,收集相应数据信息,并进行分析。

附:花卉市场需求调查问卷

您好! 我是×××××学院的学生,我们正在进行花卉市场调查。为了解××城市花卉市场的现状,并对发展前景作出预测,现对××花卉市场的情况进行调查,相关信息仅供专业实践使用,十分感谢您的参与!

Q1:您的性别?

☐A. 男 ☐B. 女

Q2:您的年龄?

☐ A. 18 岁以下 ☐ B. 18～24 岁

☐ C. 25～35 岁 ☐ D. 36 岁及以上

Q3:您的职业?

☐ A. 学生 ☐ B. 家庭主妇

☐ C. 上班族 ☐ D. 自由工作者

☐ F. 其他

Q4:随着人们经济生活水平提高,您认为平时购买花卉植物来装点生活有必要吗?

☐ A. 很有必要 ☐ B. 必要

☐ C. 无所谓 ☐ D. 没必要

Q5：您是否乐意在家里养几盆花草？

☐ A. 很乐意 ☐ B. 比较乐意

☐ C. 一般乐意 ☐ D. 不太乐意

Q6：您通常购花的用途是什么？（可多选）

☐ A. 爱好 ☐ B. 装饰 ☐ C. 送人 ☐ D. 商务

☐ E. 其他

Q7：您购花的频率？

☐ A. 三日一次 ☐ B. 一星期一次

☐ C. 一个月一次 ☐ D. 想买就买,不定时

☐ E. 其他

Q8：您一般会在什么节日购买花卉？（可多选）

☐ A. 春节 ☐ B. 情人节 ☐ C. 妇女节 ☐ D. 清明节

☐ E. 母亲节 ☐ F. 父亲节 ☐ G. 儿童节 ☐ H. 教师节

☐ I. 中秋节 ☐ J. 国庆节 ☐ K. 元旦 ☐ L. 中秋节

☐ M. 家人、朋友生日 ☐ N. 其他

Q9：按栽培目的分类,您喜欢哪种类型的花卉？（可多选）

☐ A. 花坛花卉 ☐ B. 盆栽花卉

☐ C. 切花花卉 ☐ D. 庭院花卉

Q10：按观赏部位分类,您喜欢哪种类型的花卉？（可多选）

☐ A. 观花类 ☐ B. 观叶类 ☐ C. 观茎类 ☐ D. 观果类

☐ E. 盆景类 ☐ F. 其他

Q11：您购花的时候,主要考虑哪些因素？（可多选）

☐ A. 质量 ☐ B. 香味 ☐ C. 产地 ☐ D. 花语

Q12：请问您能接受的花卉植物的价格范围是？

☐ A. 50 元以内 ☐ B. 50～150 元

☐ C. 150～300 元 ☐ D. 300 元以上

Q13：请您一般会到什么地方买花？（可多选）

☐ A. 花卉门店 ☐ B. 流动摊位

☐ C. 当地花圃 ☐ D. 网上订购

Q14：选择花卉购买地点时,您更注重哪方面？（可多选）

☐ A. 地理位置 ☐ B. 门面布置

☐ C. 服务态度 ☐ D. 商品性价比

☐ E. 商品质量

Q15：如果线下花卉门店购买,您买花后希望得到哪些售后服务？（可多选）

☐ A. 送货上门 ☐ B. 托管业务

☐ C. 花卉种植知识 ☐ D. 养花医生

☐ E. 免费包装 ☐ F. 举办养花爱好者交流会

☐ G. 其他（请注明）

Q16：如果选择网购花卉，您一般会考虑哪些因素？（可多选）

☐ A. 交通便利　　　　　　　☐ B. 价格优惠

☐ C. 花束是否新鲜　　　　　☐ D. 快递速度与质量

☐ E. 售后服务　　　　　　　☐ F. 卖家诚信

☐ G. 其他

Q17：请问您在购买花卉时，曾遇到哪些困难？（可多选）

☐ A. 没有包装或包装材料不好看或包装不精美

☐ B. 运输麻烦、容易损坏

☐ C. 不了解每种花的寓意

☐ D. 其他

Q18：当地花卉产品主要来自？

☐ A. 当地生产　　☐ B. 云南批发　　☐ C. 上海批发

☐ D. 国外进口　　☐ E. 不清楚

Q19：您认为本地花卉市场存在的不足之处有？（可多选）

☐ A. 鲜花种类少　　　　　　☐ B. 品质不高

☐ C. 价格虚高　　　　　　　☐ D. 购花门店少

☐ E. 包装缺乏创意

Q20：您常常购买的切花品种有哪些？

☐ A. 玫瑰　　☐ B. 百合　　☐ C. 向日葵　　☐ D. 康乃馨

☐ E. 雏菊　　☐ F. 非洲菊　　☐ G. 洋桔梗　　☐ H. 满天星

☐ I. 洋甘菊　　☐ J. 郁金香　　☐ K. 其他　　☐ L. 未曾购买过切花

Q21：国庆节、春节等盛大节日，您认为政府有必要在公园、城市道路布置花坛、花境来烘托节日气氛吗？

☐ A. 很有必要　　☐ B. 必要　　☐ C. 无所谓　　☐ D. 没必要

Q22：您对××城市花卉市场的发展建议是什么？

四、作业与思考

　　根据考察结果以及收集到的市场信息，撰写考察报告，制作 PPT 进行汇报。考察报告要对收集的数据、信息进行整理分析，对花卉市场作出客观评价，并提出相应的改进建议和措施，同时对市场及今后生产方向进行预测。

参考文献

[1]渠慎春.园艺作物生产实践指导[M].北京:中国农业出版社,2019.

[2]赵菊莲.观赏植物栽培学实验实习指导[M].陕西:西北农林科技大学出版社,2013.

[3]曹春英,孙日波.花卉栽培[M].3版.北京:中国农业出版社,2009.

[4]石雪晖.园艺学实践(南方本)[M].北京:中国农业出版社,2007.

[5]李作轩.园艺学实践(北方本)[M].北京:中国农业出版社,2010.

[6]陈发棣,郭维明.观赏园艺学[M].2版.北京:中国农业出版社,2009.

[7]陈发棣,房伟民.花卉栽培学[M].北京:中国农业出版社,2016.

[8]范双喜,李光晨.园艺植物栽培学[M].3版.北京:中国农业出版社,2021.

[9]范双喜,张玉星.园艺植物栽培学实验指导[M].2版.北京:中国农业出版社,2011.

[10]喻景权.蔬菜栽培学各论(南方本)[M].4版.北京:中国农业出版社,2020.

[11]喻景权,王秀峰.蔬菜栽培学总论[M].3版.北京:中国农业出版社,2014.

[12]金士平.园艺综合实训教材[M].杭州:浙江大学出版社,2015.

[13]朱立新.园艺专业生产实习指导[M].北京:中央广播电视大学出版社,2005.

[14]胡繁荣.园艺植物生产技术[M].上海:上海交通大学出版社,2007.

[15]候建文,朱叶芹.园艺植物保护学[M].北京:中国农业出版社,2009.

[16]黄云,徐志宏.园艺植物保护学[M].北京:中国农业出版社,2015.

[17]包满珠.花卉学[M].3版.北京:中国农业出版社,2011.

[18]章镇.园艺学各论(南方本)[M].北京:中国农业出版社,2004.

[19]成海钟,周玉珍.观赏植物生产技术[M].2版.苏州:苏州大学出版社,2015.

[20]程智慧.园艺学概论[M].2版.北京:中国农业出版社,2010.